집밥 한 그릇

라임의 건강한 가정 요리 레시피

집밥 한 그릇

초판 1쇄 발행 2011년 8월 22일

지은이 서민정(라임)

펴낸이 이지은 **펴낸곳** 팜파스
기획 이진아 **편집** 정은아
디자인 조성미 **마케팅** 정우룡
인쇄 (주)미광원색사

출판등록 2002년 12월 30일 제 10-2536호
주소 서울시 마포구 서교동 404-26 팜파스빌딩 2층
대표전화 02-335-3681 **팩스** 02-335-3743
홈페이지 www.pampasbook.com | blog.naver.com/pampasbook
이메일 pampas@pampasbook.com

값 15,800원
ISBN 978-89-93195-67-5 (13590)

집밥 한 그릇

[라임의 건강한 가정 요리 레시피]

서민정 지음

팜파스

들어가며

　이른 아침에 세 아이의 점심, 저녁 도시락 6개를 준비하시고 갓 지은 아침밥을 한 술이라도 더 챙겨 먹이시려고 옆에서 이것도 먹어봐라, 저건 어떠냐 하시던 엄마의 따스한 얼굴 표정과 목소리가 지금도 생생합니다. 겨우 눈을 떠 학교 갈 준비를 마친 상태에서 아침밥이 맛있을 리가 없었지요. 특히 입이 짧았던 저는 늘 엄마의 감시 속에 몇 숟가락을 뜨는 게 고작이었어요. 늦은 저녁, 주말까지 이어졌던 고등학교 자율학습 시간, 도시락을 잊고 가는 날에는 시간에 맞춰 막 만드신 따뜻한 도시락을 들고 교실 뒷문을 빠끔히 열며 저를 찾아오셨던 엄마! 직장을 다니시느라 늘 바쁘셨는데도 우리 세 남매의 밥과 도시락을 만드는 일이 엄마에게는 제일 중요한 일과 중 하나셨어요.

　어떤 음식을 좋아하세요? 행복한 미소를 짓게 만드는 기억 속의 음식은 무엇인가요? 전, 주저하지 않고 최고의 음식은 엄마가 지어준 따뜻한 집밥이라고 대답합니다.

　제가 처음 요리에 관심을 갖고 배우게 된 계기는 평범하고 소박한 엄마의 집밥이 아니었답니다. 제 눈과 마음을 사로잡는 레스토랑의 근사한 요리, 입맛을 사로잡는 맛집의 화려한 요리, 달콤하게 유혹하는 디저트들이었어요. 시각과 미각적으로 돋보이는 음식을 배우기 위해 이름 있는 학교와 유명한 요리 선생님을 찾아다녔고, 주말이면 맛집에서 먹어봤던 음식을 따라 만들어 자랑스럽게 식탁 위에 차려놓았죠.

　그렇게 오랜 시간이 지난 뒤, 제가 정말 가족들을 위해 만들고 싶은 음식이 어떤 것인지 다시 생각해보게 되었어요. 그리고 깨달았죠. 제가 만들고, 먹고 싶은 음식은 눈과 혀를 매혹시키는 화려한 레스토랑 음식이나 중독성 강한 인스턴트 음식이 아닌, 정성으로 배를 든든하게 채우고, 사랑으로 마음을 따뜻하게 해주는 포근한 집밥이란 사실을 말이에요. 신선한 재료를 골라 깨끗하게 손질하고, 가족의 건강을 생각하며 한 가지 한 가지 정성들여 음식을 만드시는 엄마의 마음을 잊고 있었어요. 엄마의 솜씨를 배우고 집밥을 만드는 게 제일 먼저여야 했습니다. 살아가면서, 그리고 나이가 들어가면서 제일 그립고 제일 먹고 싶은 건 엄마가 차려주시는 김이 모락모락 올라오는 찌개와 막 지어 촉촉하고 찰진 밥이었어요.

　바쁜 삶 속에서 음식을 만들고 나누는 여유가 점점 사라져가지만 가족의 건강을 위해서, 끈끈한 가족의 사랑을 느낄 수 있도록 부엌에 불을 밝히고, 기분 좋은 도마 소리도 내고, 보글보글 맛있는 냄새도 풍기며 집밥을 만들어보세요. 서로 맛을 보며 도란도란 나누는 이야기 소리, 잔잔한 웃음소리가 들려오는 것 같지 않으세요?

이 책은 제가 가족들을 위해 집에서 자주 만드는 인기 메뉴들로 꾸며봤어요. 반찬이 없을 때 맛있게 만들어 먹을 수 있는 한 그릇 일품 메뉴, 깔끔하고 맛깔스럽게 한상 차려내는 밥반찬 메뉴, 외식의 분위기를 집에서도 낼 수 있는 카페·레스토랑 메뉴, 내 몸을 배려한 한 접시 다이어트 메뉴, 입을 즐겁게 하는 건강한 간식·디저트 메뉴로 알차게 구성했어요. 쉽고 간단한 테이블 세팅, 저만의 비밀스러운 특선 비빔장, 자주 만들어 마시는 인기 음료, 간단한 한 끼 메뉴인 주먹밥, 과일 예쁘게 담는 법도 보너스로 엮었습니다. 엄마의 모습을 닮고 싶어서, 엄마의 솜씨를 기억하면서 만들어내는 아기자기하고 소중한 집밥을 소개해 드릴게요.

어린 조카는 제가 사다 주는 예쁜 케이크보다 함께 만들었던 사과 타르트를 아직도 기억합니다. 건강이 좋지 않아 음식을 드시기 힘드셨던 아버지는 제가 정성껏 만들어드렸던 누룽지탕을 드시고 입맛이 돌아왔다며 웃으셨죠. 제 음식에 조언을 아끼지 않는 남편은 제가 만드는 제육볶음과 된장찌개가 세상에서 최고라며 엄지손가락을 치켜세웁니다. 가족의 기억 속에 감동으로 남아 있는 음식은 제가 그동안 배우려 노력했던 화려하고 새로운 요리가 아니었어요. 가족을 위해 신선하고 질 좋은 식재료를 선택하고, 정성과 사랑으로 차린 건강하고 소박한 밥상이야말로 잊혀지지 않는 최고의 음식이었어요. 제가 그토록 먹고 싶어서, 배우고 싶어서 찾아다닌 것은 엄마의 그리운 집밥이었답니다.

"세상의 맛있는 음식의 수는 세상의 모든 엄마의 수와 같다"라는 말이 있습니다. 가족들이 하루에 한 번은 식탁에 함께 둘러앉길, 적어도 일주일에 한 번은 다같이 모여 세상에서 가장 맛있는 음식을 나누길 바랍니다. 집밥을 만들고 나누면서 가족 간의 관심과 이해가 깊어지고, 즐거운 소통이 이루어지길 바랍니다. 그리고 여러분의 그 즐거운 부엌 한 켠에 저의 요리책,『집밥 한 그릇』이 놓여 있는 즐거운 상상을 해봅니다.

서민정

contents

Part 01 한 그릇 일품 메뉴

^{Part 03} 카페 스타일 메뉴

알아두세요!

1. 이 책의 레시피는 기본적으로 4인분을 기준으로 합니다.
2. 전분은 감자전분(감자녹말)을 사용하였습니다.
3. 다른 표기가 없는 한 오일(기름)은 포도씨오일을 사용하였습니다.
   집에서 일반적으로 사용하는 식용유로 대체하실 수 있습니다.

집밥의 손맛을 살리는 비결,
기본 육수 만들기

[멸치 다시마 육수]

손쉽게 만들 수 있는 한식의 기본 육수로 일주일 동안 쓸 분량을
미리 만들어 냉장고에 넣어두면 편리하게 사용할 수 있다.
국, 찌개, 전골 등에 다양하게 활용한다.

재료	멸치 10g, 다시마 10×10cm 1장, 무 150g, 양파 1/2개, 파 1/2대, 마늘 3쪽 통후추 15알, 물 8컵, 청주 2큰술
재료준비	멸치는 머리와 내장을 제거하고, 다시마는 젖은 행주로 표면을 닦아 준비한다.
만들기	1. 재료를 냄비에 담아 한소끔 끓으면 불을 중불 이하로 줄이고 15분 정도 우려낸다. 2. 불을 끄고 그대로 식힌 후 체에 걸러 맑은 육수만 받는다. 3. 밀폐용기에 담아 냉장보관하거나 냉동보관한다. 냉장보관하면 4~5일 정도 사용할 수 있다.

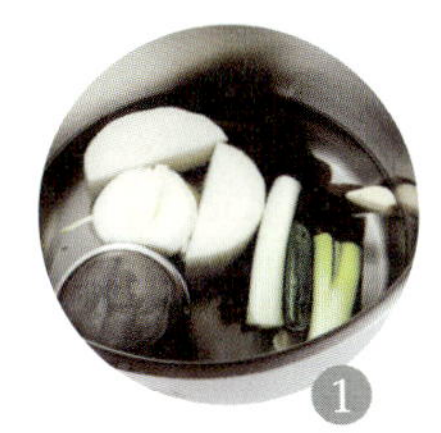

황태 다시마 육수
다시마 멸치 육수 재료에 황태머리 1개, 표고버섯 기둥 3~5개 정도를 넣어 15~20분 정도 끓이면 시원한 황태 다시마 육수를 만들 수 있다. 이외에도 조개, 디포리, 말린 새우, 말린 홍합 등으로 육수의 맛에 변화를 줄 수 있다.

[쇠고기 육수]

한식, 양식 등의 국물 요리, 소스 등에 다양하게 사용할 수 있는 육수로

음식에 넣으면 깊고 구수한 맛을 더해준다.

냉동실에 한 번 사용할 분량씩 담아 보관하면 한 달 정도 사용이 가능하다.

재료 | 쇠고기(양지머리) 300g
마늘 3쪽, 대파 1/2대
생강 1톨, 통후추 1/2작은술
물 8컵, 청주 2큰술

재료준비 | 양지머리는 찬물에 1시간 이상 담가 핏물을 뺀다.

만들기 |
1. 재료를 냄비에 담아 한소끔 끓으면 중불 이하로 줄인 후 거품을 걷어가며
   1시간 정도 끓인다. 고기를 찔렀을 때 잘 들어가고, 그 틈으로 맑은 육즙
   이 새어나오면 불을 끈다. 끓이는 시간은 고기의 두께에 따라 조절한다.
2. 고기는 건져 썰거나 찢어 양념해두고, 육수는 식힌 뒤 굳은 기름을 걷어
   내고 체에 걸러 맑은 국물만 사용한다. 냉장보관하여 2~3일 내에 쓰고,
   남은 것은 냉동보관한다.

[닭 육수]

스프, 스튜, 리조또 등 양식뿐 아니라 중식, 한식에 두루두루 사용된다.

요리하고 남은 닭뼈와 자투리 채소가 있을 때 미리 만들어두자.

냉장보관하여 한 달 정도 사용할 수 있다.

재료	닭뼈 1kg, 당근 1/2개
	양파 1/4개, 파 1대
	셀러리 1대, 마늘 2쪽
	통후추 15개, 월계수 잎 2장
	물 2리터, 파슬리 줄기
	타임 등 허브 약간

재료준비

1. 살을 발라낸 닭뼈를 잘 씻고 찬물에 담가 핏물을 뺀다.
2. 당근, 양파 등의 향신채소와 파슬리, 타임 등의 허브를 준비한다.

만들기

1. 닭뼈를 끓는 물에 넣고 잠시 끓여 불순물이 떠오르면 닭뼈를 건져서 찬물에 씻고 물은 버린다. 이렇게 닭뼈를 애벌로 데쳐주는 과정을 거치면 맑고 깨끗한 육수를 만들 수 있다. 씻은 닭뼈와 향신채소, 허브를 냄비에 담고 물 2리터를 부어 한소끔 끓으면 떠오르는 불순물을 제거하고 중약불로 줄여 1시간 정도 끓인다.

2. 체에 걸러 맑은 육수를 받는다. 냉장보관하여 2~3일 내에 사용하거나, 1회분씩 나눠 담아 냉동보관한다.

[조개 육수]

해물이 들어가는 국물 요리, 스프 등에 넣어서 시원한 감칠맛을 더한다.

냉동보관하면 한 달 정도 사용이 가능하다.

<table>
<tr><td>재
료</td><td>바지락 300g
물 5컵
청주 1~2큰술</td></tr>
</table>

재료준비 | 바지락은 옅은 소금물에 담가 해감한 후 바락바락 문질러 씻어 껍질에 붙은 이물질을 제거한다.

만들기 |
1. 냄비에 재료를 담아 바지락이 입을 벌릴 때까지 끓인다.
2. 체에 걸러 맑은 국물을 받는다. 냉장고에 넣어 2일 내에 사용하거나 냉동
   실에 보관하여 사용한다. 바지락 대신 모시조개, 홍합 등 다른 조개류로
   국물을 내도 좋다. 무, 양파, 마늘 등의 채소를 약간 넣고 함께 끓이면 더
   풍부한 맛의 육수를 만들 수 있다.

[가쓰오부시 육수]

우동, 덮밥 등 일본식 국물 요리에 다양하게 쓰이는 기본 육수이다.

냉장보관하면 3~4일, 냉동보관하면 한 달 정도 사용 가능하다.

재료	물 5컵, 다시마 10g
	가쓰오부시 20g

재료준비	다시마는 젖은 행주로 닦아준다.

만들기

1. 냄비에 물과 다시마를 넣어 불에 올린다.
2. 끓기 직전까지 데운 후 가쓰오부시를 넣고 불을 끈다. 10~15분간 그대로
   두어 우린 후 체에 거른다. 3~4일간 냉장보관이 가능하고, 남은 것은 냉동
   보관하여 쓴다.

가쓰오부시

말리고 훈연하는 과정을 반복해 단단해진 가다랑어를 얇게 깎은
것을 말한다. 일식 기본 육수의 재료로 사용되고 오코노미야키, 타
코야키 위에 뿌리기도 한다. 공기와 접촉하면 누렇게 변하고 향미
가 떨어지므로 밀폐용기에 담아 냉동보관한다.

채소 썰기 12가지 방법

채썰기

재료를 일정한 길이로 얄팍하게 썬 후 가늘고 길게 썬다. 깻잎 같은 잎채소는 돌돌 말아 가늘게 썰면 채썰기에 편하다. 생채, 잡채 등 다양한 요리에 사용된다.

다지기

재료를 채썬 후 가지런히 놓고 잘게 썬다. 파, 마늘, 양파 등으로 양념을 만드는 데 주로 사용된다.

어슷썰기

고추, 대파 등의 길쭉한 재료를 한쪽으로 비스듬히 썬다. 찌개, 조림 등에 주로 사용된다.

송송 썰기

고추, 대파 등의 길쭉한 재료를 동그란 모양을 살려 썬다. 고추, 쪽파 등을 고명으로 올릴 때 주로 사용한다.

편썰기

재료의 단면을 살려 썬다. 마늘, 밤, 버섯 등 모양을 그대로 살려 얄팍하게 썰 때 사용한다.

돌려깎기

둥근 재료를 바깥 부분부터 얇고 둥글게 깎는다. 오이, 호박 등의 껍질 부분만 사용하거나 씨를 제외한 부분을 사용할 때 얇게 돌려 깎은 후 채를 썰면 요리가 얌전해진다.

깍둑썰기

재료를 정육면체로 썬다. 깍두
기의 무, 된장찌개의 두부, 카레
라이스의 감자 등을 썰 때 사용
된다.

나박썰기

재료를 가로, 세로 길이가 비슷한
사각형으로 얇게 썬다. 나박김치,
무국 등을 끓일 때 사용한다.

납작썰기

재료를 직사각형 모양으로 얇게
썬다. 무, 감자 등으로 조림, 볶
음, 절임을 할 때 사용한다.

반달썰기

둥글고 긴 재료를 반으로 자른 후
일정한 두께로 반달 모양이 되게
썬다. 호박, 감자 등을 넣어 찌개,
조림 등을 만들 때 사용한다.

눈썹썰기

둥글고 긴 재료를 반으로 자른
후 가운데 씨를 동그랗게 제거하
고 일정한 두께로 썬다. 호박, 오
이의 씨를 제거한 후 눈썹썰기를
하면 물러지지 않고 깔끔하게 요
리할 수 있다.

십자썰기(은행잎썰기)

재료를 반달썰기한 후 다시 반으
로 썬다. 호박, 무, 감자 등으로
국, 찌개 등을 만들 때 사용한다.

반찬을 많이 차려놓고 식사하는 것보다는 3~4가지 정도의 반찬으로 맛있게 식사하는 것을
즐기는 편입니다. 간단하게 한 그릇에 담아 먹는 음식을 더 즐기는 편이죠. 많은 반찬을 준비하지
않아서 좋고, 가족들은 좋아하는 음식을 먹을 수 있어서 좋아해요. 바쁘게 들어와 저녁 준비를 해
야 하는 날, 주말에 부엌에서 긴 시간을 보내기 싫은 날에 만들기 좋은 메뉴들을 모아봤어요. 언제
나 환영받고 만드는 법을 알려달라는 요청을 받는 메뉴들이에요. 반찬이 없는 날, 재빨리 만들어
가족과 함께 즐길 수 있는 식탁을 꾸며보세요.

Part 01

한 그릇 일품 메뉴

주꾸미 냉이밥

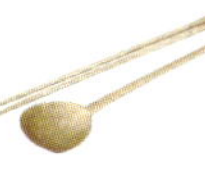

냉이, 쑥 등 향긋하고 신선한 나물이 나오는 봄이 되면 궁합이 좋은 해물과 나물을 넣어 밥을 지어요. 해물의 풍부한 맛과 나물의 산뜻한 향이 더해져서 저절로 몸이 가벼워지고 건강해지는 느낌이에요.

재료	
주꾸미 4마리(또는 낙지 2마리)	
냉이 60g	
쌀 2컵	
물 1½컵	

양념장	
간장 2큰술	
다진 파 2큰술	
다진 마늘 1작은술	
참기름 1큰술	
통깨 1큰술	

만들기

1. 쌀을 씻어 30분 정도 불린다.

2. 주꾸미(또는 낙지)는 살아 있는 생물로 준비해서 소금, 밀가루를 뿌려 빡빡 문질러 씻은 후 여러 번 헹군다. 깨끗하게 씻은 쭈꾸미(낙지)는 먹기 좋은 크기로 자른다.

3. 냉이는 뿌리 부분을 깨끗하게 손질하여 잘게 썬다.

4. 양념장 재료를 잘 섞는다.

5. 쌀을 냄비에 담고 2cm 정도 올라오게 물을 부어 밥을 짓는다. 한소끔 끓으면 불을 중불로 줄여 5분 정도 익힌다. 주꾸미(또는 낙지)와 냉이를 올려 담고, 약불에서 10분 정도 뜸을 들인다.

6. 밥을 잘 섞은 후 그릇에 담고 양념장을 곁들인다. 된장찌개를 끓여 함께 먹으면 더 맛있는 식사가 된다.

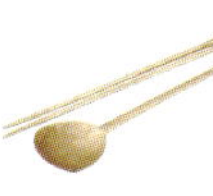

전복영양밥

전복과 버섯 등의 재료를 가득 넣어 밥을 짓고, 신선한 전복 내장으로는 양념간장을 만들었어요. 6~8월에 한껏 맛이 오른 전복으로 만든 영양밥은 지치기 쉬운 여름철에 영양과 원기를 보충해줘요. 비릿한 내장의 향이 싫다면 내장을 빼고 양념장을 만들어도 좋아요.

재료	쌀 1컵, 찹쌀 1컵, 전복 4개	양념장	전복 내장 간 물 3큰술
	표고버섯 3개, 대추 3개, 잣 2큰술		간장 3큰술, 생강술(또는 청주) 1큰술
	은행 12알, 황기 10g		참기름 1큰술
	참기름 1큰술, 국간장 1/2큰술		설탕 1작은술
	청주 1큰술		다진 마늘 2쪽
	다시마 육수(또는 물) 2컵		송송 썬 실파 4큰술

재료준비

1. 쌀은 씻어 30분 정도 불린다.
2. 표고버섯은 모양을 살려 편썬다.
3. 대추는 돌려 깎아 씨를 제거한 후 1cm 크기로 네모나게 썰거나 돌돌 말아서 꽃 모양으로 썬다.
4. 은행은 볶아서 껍질을 벗긴다.

만들기

1. 전복은 솔로 깨끗하게 씻은 후 수저를 이용하여 껍질과 살을 분리한다. 살은 저 며 썰고, 내장은 따로 모아둔다.
2. 전복 내장은 내장 양의 3배 정도의 물을 붓고 믹서에 간다. 내장은 신선하면 생 으로 사용 가능하고, 끓는 물에 청주를 약간 넣고 살짝 데친 후 사용해도 된다.
3. 양념장 재료를 섞는다.
4. 뚝배기에 참기름을 두르고 쌀, 찹쌀, 표고버섯, 잣, 대추, 은행, 국간장을 넣어 볶 는다.
5. 어느 정도 익어 쌀이 투명해지면 전복, 청주를 넣어 잠시 볶다가 황기, 육수를 붓 고 뚜껑을 덮어 끓인다(황기는 생략 가능하다). 한소끔 끓으면 불을 줄여 밥물이 자 작해질 때까지 8~10분 정도 익힌 후 약불로 줄여 5~8분 정도 뜸을 들인다.
6. 황기는 건져내고 밥을 그릇에 담는다. 양념장을 곁들여 낸다.

굴튀김 부추비빔밥

양념에 버무린 부추 무침을 밥 위에 넉넉히 올려 비벼먹는 담백한 맛이 일품인 비빔밥이에요. 양념이 과하지 않아 향긋한 굴과 아삭하게 씹히는 부추의 맛을 제대로 느낄 수 있습니다.

재료

굴 2봉지

부추 300g

깻잎 15장

밥 4공기

전분, 소금, 후추 약간씩

양념

부추 양념

간장 3큰술, 고춧가루 3큰술, 설탕 1½큰술

다진 마늘 1/2큰술, 참기름 1½큰술, 통깨 1큰술

밥 양념

구운 김 2장, 참기름 1큰술

깨소금 2큰술, 간장, 소금 약간씩

재료준비

1. 굴은 체에 밭쳐 흐르는 물에 씻은 후 물기를 제거한다.

2. 부추는 3~4cm 길이로 썰고, 깻잎은 채썬다.

만들기

1. 전분에 소금, 후추를 약간씩 넣어 섞은 후 굴에 솔솔 뿌려 묻힌다. 팬에 기름을 넉넉하게 두르고, 굴을 올려 튀기거나 노릇하게 굽는다.

2. 부추, 깻잎에 〈부추 양념 재료〉를 넣어 살살 버무린다.

3. 밥은 〈밥 양념 재료〉를 넣어 비빈다.

4. 양념한 밥을 그릇에 담고 부추 무침을 넉넉히 얹은 후 튀긴(또는 구운) 굴을 그 위에 올려 낸다.

● 입맛에 따라 고추장, 간장, 참기름 등을 더 넣고 비빌 수 있도록 따로 담아 내도 좋다.

매운 맛 하면 자연스럽게 떠오르는 낙지볶음을

따뜻한 밥 위에 올려 쓱쓱 비벼 먹으면 정말 꿀맛이지요.

매콤함에 구수함을 더하려고 된장을 약간 넣어 양념했어요.

낙지 대신 문어나 주꾸미 등으로 만들어도 맛있어요.

재료	
낙지 4마리	고춧가루 4큰술, 고추장 4큰술
양파 1개, 청양고추 2개, 표고버섯 3개	된장 1작은술, 간장 2큰술
대파 1대, 청고추 1개, 홍고추 1개	설탕 3큰술, 청주 2큰술
콩나물 120g, 새싹채소 40g	다진 마늘 1작은술, 생강즙 1작은술
당근 1/4개, 깻잎 10장	깨소금 2큰술, 참기름 1큰술

재료준비

1. 낙지에 밀가루와 굵은 소금을 뿌려 주물러준 후 여러 번 헹궈 빨판에 묻은 이물질을 제거한다. 먹기 좋은 크기로 썰고 체에 밭쳐 물기를 제거한다.
2. 양파, 당근, 깻잎은 채썰고, 고추와 대파는 어슷썬다. 버섯은 모양을 살려 편썬다.

만들기

1. 양념 재료를 잘 섞은 후 낙지에 넣어 버무린다.
2. 콩나물은 끓는 물에 살짝 데친 후 찬물에 헹구고, 새싹채소는 깨끗이 씻어 물기를 제거한다.
3. 팬에 오일을 1~2큰술 두르고 양파, 청양고추, 버섯을 넣어 볶는다.
4. 양념한 낙지를 넣어 재빨리 볶는다. 낙지는 오래 익히면 질겨지므로 30초 정도 센 불에서 볶아준다.
5. 대파, 청·홍고추를 넣어 섞어준 후 불을 끈다.
6. 밥 위에 콩나물, 새싹채소, 당근, 깻잎, 낙지볶음을 올려 담은 후 참기름, 통깨를 뿌려준다.

<table>
<tr><td rowspan="7">재
료</td><td>해물(갑오징어, 새우, 조개, 전복 등) 400g</td><td rowspan="8">토
마
토
소
스</td><td>올리브오일 2큰술</td></tr>
<tr><td>다진 마늘 2쪽, 양파 1개, 양송이버섯 2개</td><td>다진 마늘 1쪽, 다진 양파 1/2개</td></tr>
<tr><td>페페론치노 3개, 청양고추 1~2개</td><td>다진 토마토 1캔(400g)</td></tr>
<tr><td>화이트와인 2~3큰술</td><td>설탕 1/2큰술</td></tr>
<tr><td>토마토소스 300g, 밥 2공기</td><td>레드와인 식초 1작은술</td></tr>
<tr><td>송송 썬 실파(또는 다진 바질이나 파슬리)</td><td>다진 바질 한줌</td></tr>
<tr><td>파마산 치즈 약간씩</td><td>소금, 후추 약간씩</td></tr>
</table>

매운 해물볶음밥 (2인분)

이탈리아 건고추인 페페론치노로 매콤한 맛을 더한 토마토소스의 해물볶음밥이에요. 쫀득하게 씹히면서도 촉촉한 맛이 이탈리아 쌀 요리인 리조또와 비슷해요. 밥 대신 삶은 스파게티를 넣고 볶아 파스타를 만들어도 맛있어요.

재료준비

1. 갑오징어, 새우 등의 해물은 깨끗하게 손질하여 먹기 좋은 크기로 썰고, 조개는 옅은 소금물에 담가 해감한다.
2. 양파는 0.5cm 크기로 네모나게 썰고, 양송이버섯은 모양을 살려 편썬다. 청양고추는 씨를 제거하고 다진다.

만들기

1. [토마토소스 만들기] 팬을 올리브오일을 두르고 다진 마늘, 다진 양파를 넣어 볶다가 다진 토마토를 넣어 걸쭉하게 되도록 조린다. 설탕, 레드와인 식초, 다진 바질, 소금, 후추를 넣고 섞어 마무리한다.
2. 팬에 오일을 2큰술 두르고 다진 마늘과 양파, 버섯, 잘게 부순 페페론치노, 청양고추를 넣어 약불에서 향이 나게 볶는다.
3. 센 불로 올려 손질한 해물을 넣고, 화이트와인을 넣어 잡내를 날리면서 재빨리 볶는다.
4. 밥을 넣어 해물 육수가 잘 흡수되도록 섞으면서 볶는다.
5. 토마토소스를 넣어 섞으면서 볶고 소금, 후추로 간한다.
6. 송송 썬 실파(또는 다진 바질이나 파슬리), 파마산 치즈를 취향에 따라 뿌려 담아 낸다.

페페론치노
작은 이탈리아 건고추로 파스타, 스튜 등 다양한 요리에 넣어 매콤한 맛을 낸다.

다진 토마토
이탈리아의 길쭉한 토마토를 껍질 벗겨 담아놓은 캔 제품이다. 통째로 담아놓은 홀 토마토 제품, 사용하기 편리하게 다져진 제품 등이 있다. 잘 익은 토마토의 껍질을 벗겨 다져서 사용해도 된다.

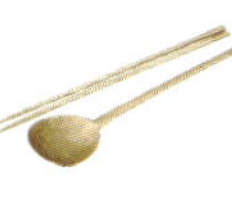

고기를 채워 넣은 풋고추찜을 밥 위에 올린 덮밥이에요.
고기와 고추의 맛이 배어든 간장소스를 밥 위에 촉촉하게 뿌려서 비벼 먹으면
달짝지근하면서도 칼칼한 맛이 입맛을 당겨요.
고추가 제철인 여름철 메뉴로 제격이지요.

재료

풋고추 24개
쇠고기 200g
밥 4공기
전분 3큰술
잣가루 약간

양념

풋고추 절임물
물 2컵, 소금 2큰술

쇠고기 양념
간장 2큰술, 설탕 1큰술, 다진 파 2큰술
다진 마늘 1큰술, 참기름 2큰술, 후추 약간

덮밥 소스
간장 4큰술, 국간장 2큰술, 매실청 2큰술
식초 2큰술, 설탕 2작은술, 다진 파 2큰술
채썬 홍고추 1개

만들기

1. 풋고추에 길이로 칼집을 넣고 소금물(절임물)에 1시간 정도 절인 후 물기를 닦는다.

2. 쇠고기를 잘게 다진 후 양념에 버무려 물기 없이 볶는다.

3. 칼집 낸 고추 안쪽에 전분을 솔솔 뿌리고 볶은 고기를 채워 넣는다. 고추 위에 전분을 뿌려준 후 스프레이로 물을 살짝 뿌린다.

4. 김이 충분히 오른 찜기에 고추를 넣어 3분간 찐다. 바로 냉장고에 넣어 재빨리 한 김 식히면 선명한 녹색이 변하지 않아서 보기 좋다.

5. 따뜻한 밥 위에 고추찜을 6개씩 담고 덮밥 소스를 골고루 뿌린다. 잣가루를 뿌려 마무리한다.

<table>
<tr><td>재
료</td><td>

돼지고기(불고기용) 600g

새송이버섯 2개, 표고버섯 2개

양파 1개, 대파 1대

다시마 육수(또는 물) 1½컵

물전분(물 2큰술, 전분 2작은술)

오일 1~2큰술, 생강 1.5cm 크기

토핑

깻잎채 10장, 대파 채, 통깨 약간씩

</td><td>양
념</td><td>

고기 양념

고추장 6큰술, 고춧가루 2큰술, 간장 2큰술

설탕 2큰술, 꿀 2작은술

다진 파 2큰술, 다진 마늘 2큰술

생강즙 1큰술, 청주 2큰술, 참기름 2큰술

소금, 후추 약간씩

</td></tr>
</table>

제육덮밥

생강으로 향을 낸 오일에 양념한 돼지고기를 볶아서 맛과 향을 살린 덮밥이에요.

대학시절 자주 가던 밥집의 단골 메뉴였죠. 입맛을 잡아당기는 그 맛의 비밀을

찾아내기 위한 여러 번의 시도 끝에 겨우 비슷한 맛을 낼 수 있었어요.

저에겐 그리운 추억이 담긴 음식이에요.

재료 준비

1. 돼지고기는 고기 양념에 조물조물 무쳐 놓는다.

2. 토핑용 깻잎과 대파는 가늘게 채썰어 찬물에 담가둔다.

3. 버섯은 모양을 살려 납작하게 썰고, 양파와 대파는 채썬다. 생강은 얄팍하게 편 썬다.

4. 전분은 물에 풀어 놓는다.

만들기

1. 팬을 달군 후 오일을 두르고 편으로 썬 생강을 넣어 중약불에서 노릇하게 구워 향을 낸 후 건져낸다.

2. 생강 향이 우러난 오일에 양념한 고기를 넣어 굽는다.

3. 양파, 버섯, 대파를 넣어 볶는다.

4. 육수를 부어 재료가 익을 때까지 끓인다.

5. 물전분을 넣어 농도를 맞춘다.

6. 밥 위에 제육볶음을 얹고 깻잎채, 대파채를 올린 후 통깨를 뿌린다.

<table>
<tr><td rowspan="2">재
료</td><td>황태 1/2마리, 콩나물 200g, 묵은지 150g, 밥 4인분</td></tr>
<tr><td>달걀 4개, 어슷하게 썬 파, 구운 김 약간씩</td></tr>
</table>

황태채 밑간

국간장 1/2큰술, 참기름 1/2큰술

콩나물 밑간

다진 파 2큰술, 다진 마늘 1큰술, 깨소금 1작은술

참기름 1작은술, 소금, 후추 약간씩

묵은지 밑간

참기름 1작은술, 고춧가루 1/2큰술

설탕 1/2큰술, 깨소금 1작은술

<table>
<tr><td rowspan="3">양
념
장</td><td>새우젓 2큰술, 육수 1큰술</td></tr>
<tr><td>다진 마늘 1큰술, 청 · 홍고추 1/2개씩</td></tr>
<tr><td>고춧가루 2큰술, 깨소금 1작은술</td></tr>
</table>

<table>
<tr><td rowspan="4">육
수</td><td>물 8컵, 황태머리 1개, 다시마 15cm</td></tr>
<tr><td>무 10cm, 대파 1대, 양파 1/2개</td></tr>
<tr><td>마늘 3쪽, 표고버섯 기둥 3개</td></tr>
<tr><td>청주 1큰술, 국간장 1/2큰술, 소금 약간</td></tr>
</table>

황태 콩나물국밥

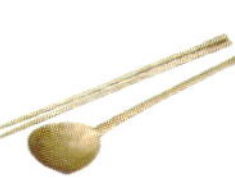

황태와 콩나물로 얼큰하고 시원한 해장국을 끓였어요. 숙취해소에도 좋고 감기예방에도 좋은 메뉴지요. 묵은지를 넣어 시원한 맛을 더하고 황태머리로 육수를 만들어 구수하면서도 깊은 맛을 살렸답니다.

재료준비

1. 육수 재료를 냄비에 담아 15분 정도 끓이고 체에 밭쳐 맑은 국물을 준비한다.
2. 황태살은 잔가시를 제거하고 잘게 찢거나, 살만 잘게 찢어놓은 제품을 구입해서 사용한다.

만들기

1. 황태채가 바로 사용할 수 있을 정도로 부드러우면 체에 밭쳐 흐르는 물에 살짝 헹군 후 물기를 짠다. 만약 황태채가 약간 딱딱한 상태라면 따뜻한 육수를 부어 잠시 불렸다가 물기를 짜서 사용한다. 황태채 밑간 재료를 넣고 조물조물 버무린다.
2. 준비한 육수를 냄비에 담아 끓으면 콩나물을 넣어 살짝 데친다. 콩나물을 건져 그릇에 담고 콩나물 밑간 재료를 넣어 무친다.
3. 묵은지는 여분의 양념을 털어내거나 씻어서 채썬 후 묵은지 밑간 재료를 넣어 무친다.
4. 양념장 재료를 섞는다.
5. 뚝배기에 밥을 담고 황태채, 콩나물, 묵은지를 올린 후 육수를 부어 끓인다. 맛이 우러나면 달걀과 어슷썬 파, 양념장을 얹어 한소끔 더 끓인 후 불을 끈다. 구운 김채, 어슷썬 파, 양념장을 입맛에 따라 첨가할 수 있도록 따로 담아 낸다.

매생이 누룽지탕

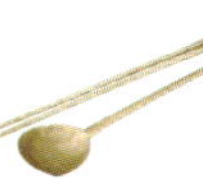

겨울철 별미인 매생이로 누룽지탕을 만들어 보세요. 찹쌀 누룽지를 튀겨 뜨거울 때 매생이탕을 부어주면 치지직 하는 맛있는 소리를 내죠. 시원한 매생이탕과, 쫀득하고 구수한 누룽지가 만나 맛있는 조화를 이룹니다.

재료
매생이 1팩(400g), 굴 200g, 멸치 다시마 육수 4컵
찹쌀 누룽지 4인분, 다진 파 2큰술, 다진 마늘 1~2쪽
참기름 1작은술, 청주 1큰술,
국간장, 새우젓, 소금, 후추, 통깨 약간씩

재료준비
1. 매생이는 체에 밭쳐 흐르는 물에 씻어 물기를 짠 후 먹기 좋은 크기로 자른다.
2. 굴은 체에 밭쳐 씻은 후 물기를 제거한다.

만들기
1. 냄비에 참기름을 두르고 다진 파, 마늘을 넣어 향이 나게 볶다가 굴을 넣어 볶는다. 청주를 넣어 잡내를 없앤다.
2. 매생이를 넣어 살짝 볶는다.
3. 육수를 붓고 끓으면 위에 떠오르는 거품을 제거한다. 국간장, 새우젓, 소금으로 간하여 1~2분 정도 더 끓인 후 불을 끈다. 후추, 통깨를 취향에 따라 뿌린다.
4. 찹쌀 누룽지를 튀겨 그릇에 담고 뜨거운 매생이탕을 부어준다.

매생이
11월부터 2월이 제철인 해조류로, 윤기가 있고 녹색이 선명한 것으로 고른다. 단백질, 미네랄 등이 풍부한 알칼리성 식품으로 성인병 예방에 도움이 된다. 오래 끓이면 향이 날아가기 때문에 살짝만 끓인다.

찹쌀 누룽지
집에서 만들어도 좋지만, 시판되는 중국식 찹쌀 누룽지를 구입해서 사용하면 편리하다.

들깨스프

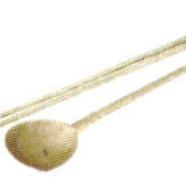

들깨향이 가득한 쌀스프예요. 들깨는 불포화지방산과 비타민 E, F가 풍부해서 혈관 건강과 피부 미용에 도움을 주죠. 진한 고소함을 느낄 수 있는 들깨스프는 아침 건강식으로 좋아요.

재료	양파 1/4개, 마늘 1쪽, 표고버섯 3장, 우엉 12cm 쌀 1/4컵, 닭 육수 2컵, 우유 2컵, 들깨가루 1/2컵+우유 1/4컵 포도씨오일(또는 들기름) 1큰술, 버터 1큰술 소금, 후추, 쪽파(또는 실파), 들깨가루 약간씩

재료준비

1. 쌀은 깨끗이 씻은 후 물에 담가 30분 정도 불린다.
2. 양파, 마늘, 버섯, 우엉은 잘게 다진다.

만들기

1. 불린 쌀에 닭 육수 2컵을 부어 믹서에 곱게 간다.
2. 냄비에 오일과 버터를 넣어 녹이고 다진 양파, 마늘을 넣어 달콤한 향이 우러나도록 충분히 볶는다. 단 양파와 마늘의 색이 노릇해지지 않도록 주의한다.
3. 다진 버섯, 우엉을 볶다가 갈아둔 쌀을 넣고 저어가며 끓인다.
4. 쌀이 충분히 익어 걸쭉해지면 우유를 붓고 끓여 완전히 익힌다. 우유를 부은 후에는 넘치지 않도록 불을 줄이고 눌러 붙지 않도록 저어준다.
5. 들깨가루에 우유 1/4컵을 부어 풀어준 후 4에 넣고 저어준다. 소금, 후추로 간을 맞춘다. 고운 스프를 원하면 믹서에 넣어 부드럽게 갈아준다.
6. 스프를 그릇에 담고 송송 썬 쪽파와 들깨가루를 뿌려낸다.

재료	소면 400~450g, 쇠고기(채썰거나 간 것) 200g
	표고버섯 2장, 애호박 1개, 양파 1½개
	어묵 1장(140g), 새우 12마리, 콩나물 150g
	팽이버섯 1팩, 멸치 다시마 육수 5컵, 고춧가루 1작은술
	참기름 1작은술, 국간장 1/2큰술, 소금, 후추 약간씩

고기양념	간장 2큰술, 설탕 1큰술, 청주 1큰술
	다진 파 2큰술, 다진 마늘 1큰술
	참기름 1큰술, 깨소금 1큰술, 후추 약간

양념장	간장 3큰술, 설탕 1/2큰술, 깨소금 1큰술
	참기름 1큰술, 송송 썬 쪽파 2~3큰술
	다진 마늘 1큰술

양념김치	김치 400g
	참기름 2큰술, 깨소금 2큰술
	설탕 1작은술

결혼 전 어머님이 만들어 주셨던 추억의 음식이에요. 가끔 그 맛을 떠올리는 남편을 위해 어머님의 맛을 기억해내며 만들어 보았어요. 엄마의 마음처럼 푸짐하게 얹은 고명과 새콤달콤한 양념 김치가 포인트랍니다.

재료준비

1. 표고버섯은 모양을 살려 편썰고, 애호박은 반으로 갈라 가운데 씨를 도려내고 눈썹썰기한다. 양파는 채썬다.
2. 어묵은 끓는 물에 살짝 데쳐서 기름기를 제거하면 깔끔하다. 데친 어묵은 채썬다.
3. 새우는 머리, 내장, 몸통 껍질을 제거한다.

만들기

1. 달군 팬에 오일을 약간 두르고 애호박과 양파(1개)를 볶은 후 고춧가루 1작은술, 참기름 1작은술, 소금, 후추로 간한다.
2. 달군 팬에 오일을 약간 두르고 어묵과 양파(1/2개)를 넣어 볶고, 소금과 후추로 간한다.
3. 쇠고기와 표고버섯은 고기 양념에 버무린 후 달군 팬에 물기 없이 볶는다.
4. 김치에 참기름, 깨소금, 설탕을 넣어 양념한다.
5. 멸치 다시마 육수를 냄비에 담고 국간장, 소금, 후추로 밑간한 후 한소끔 끓으면 새우, 콩나물, 팽이버섯을 넣어 1~2분 정도 새우가 익을 때까지 끓인 후 불을 끈다.
6. 소면을 삶아 그릇에 담고 5의 국물을 부어준 후 1, 2, 3에서 만든 고명을 올린다. 양념 김치와 양념장을 곁들인다.

 ①
 ②
 ③
 ④
 ⑤

닭칼국수 (2인분)

연애시절에 면을 좋아하는 남편 때문에 자주 먹었던 음식이에요. 그때는 사 먹었지만 지금은 집에서 더 맛있고 푸짐하게 만들어 먹죠. 시원하게 잘 익은 김치만 있으면 눈 깜짝할 사이에 한 그릇 뚝딱이에요.

재료	닭 1마리(800g정도)
	애호박 1/2개, 양파 1/2개, 당근 1/6개
	칼국수면 350g, 참기름 1작은술
	깨소금 1/2큰술, 송송 썬 쪽파
	소금, 후추 약간씩

양념장	간장 2큰술, 국간장 1작은술
	고춧가루 1½큰술, 다진 청양고추 1큰술
	다진 파 1큰술, 다진 마늘 1/2큰술
	설탕 1작은술, 깨소금 1/2큰술, 참기름 1큰술

닭육수	양파 1/2개, 대파 1/2대, 마늘 3톨
	생강 1톨, 마른 고추 1개
	청주 1큰술, 통후추 15알, 물 8컵

닭고기 양념	다진 파 1큰술, 다진 마늘 1/2큰술
	국간장 1/2큰술, 참기름 1/2큰술
	소금, 후추 약간씩

만들기

1. 닭은 껍질과 살 사이의 기름을 제거하고 잘 씻어준 후 닭 육수 재료와 함께 냄비에 담아 끓인다. 한소끔 끓으면 중불 이하로 줄여 40분 정도 충분히 익을 때까지 끓인다. 떠오르는 거품은 걷어낸다.

2. 닭이 충분히 익으면 체에 밭쳐 육수를 걸러내고, 닭은 살만 발라내서 닭고기 양념으로 조물조물 무친다. 걸러낸 닭 육수는 국간장, 소금, 후추로 밑간한다.

3. 양념장 재료를 섞어둔다.

4. 애호박, 양파, 당근을 채썰어 팬에 볶고 참기름 1작은술, 깨소금 1/2큰술, 소금, 후추로 간한다.

5. 국수를 삶아서 그릇에 담고 양념해둔 닭고기살, 애호박 양파볶음, 송송 썬 쪽파를 위에 얹는다. 육수를 붓고 깨소금, 참기름을 약간 떨어뜨려 고소한 향을 더한다. 양념장을 곁들여 낸다.

<table>
<tr><td>재
료</td><td>표고버섯 2개, 느타리버섯 10개
새송이버섯 1/2개, 팽이버섯 1/2팩, 양파 1/2개
애호박 1/4개, 대파 1/2대, 당근 1/6개(또는 배추 50g)
샤브샤브용 쇠고기 200g, 생면(또는 우동면) 400g
멸치 다시마 육수(또는 북어 육수) 5컵
미나리, 쑥갓 약간씩</td><td>육
수
양
념</td><td>다진 마늘 1큰술, 고춧가루 1½큰술,
고추장 1/2큰술, 국간장 1/2큰술
새우젓 국물 1작은술, 소금 1/3작은술, 후추 약간</td></tr>
<tr><td></td><td></td><td>양
념
소
스</td><td>간장 1큰술, 매실청 1큰술, 연겨자 1/2작은술
육수 1큰술, 유자청 1작은술, 다진 파 1/2큰술
다진 마늘 1작은술</td></tr>
</table>

국수를 넣어 매콤하게 끓인 쇠고기 샤브샤브예요. 재료만 미리 준비해 놓으면 전골냄비를 식탁에 올려 끓여가며 함께 먹을 수 있어 가족이 모이는 주말 메뉴로 좋아요. 국수를 먹고 남은 국물에 볶아먹는 밥은 빼놓을 수 없는 별미죠.

재료준비

1. 표고버섯, 새송이버섯은 납작하게 썰고, 느타리버섯은 잘게 찢는다. 팽이버섯은 길이에 따라 2등분으로 썬다.
2. 양파는 채썰고, 애호박, 당근은 채썰거나 반달썰기하고, 대파는 어슷썬다.

만들기

1. 냄비에 육수를 부어 끓으면 팽이버섯, 미나리, 쑥갓을 제외한 채소를 넣어 한소끔 끓인다.
2. 육수 양념을 넣어 밑간을 한 후 면을 넣어 끓인다.
3. 면이 익을 정도까지 끓이다가 쇠고기를 넣어 익힌다.
4. 팽이버섯, 미나리, 쑥갓을 넣고 불을 끈다. 전골면을 그릇에 담고 고기와 버섯을 찍어먹을 양념 소스를 곁들여 낸다.

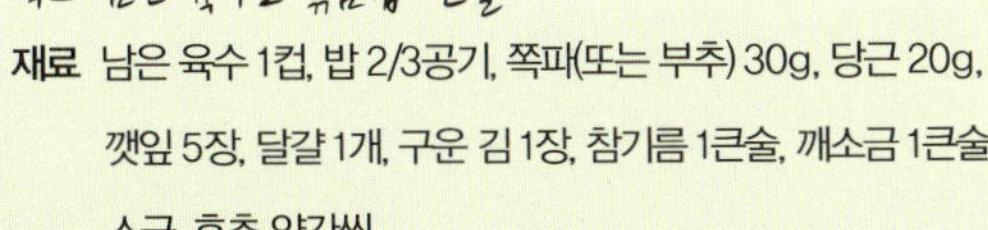

먹고 남은 육수로 볶음밥 만들기

재료 남은 육수 1컵, 밥 2/3공기, 쪽파(또는 부추) 30g, 당근 20g, 깻잎 5장, 달걀 1개, 구운 김 1장, 참기름 1큰술, 깨소금 1큰술 소금, 후추 약간씩

육수가 보글거리며 끓기 시작하면 밥과 다진 당근, 쪽파를 넣고 밥이 육수를 흡수하여 부드러워질 때까지 저어가며 끓인다. 달걀, 다진 깻잎을 넣어 잠시 더 볶다가 구운 김가루, 참기름, 깨소금, 소금, 후추를 넣어 마무리한다.

① ② ③
④ ⑤ ⑥

쇠고기구이 비빔면

새콤달콤하게 비빈 면 위에 노릇한 쇠고기구이를 올린 간단한 요리예요. 고소한 쇠고기로 매콤달콤한 면을 감싸 먹는 맛이 일품이지요. 쇠고기 대신 돼지고기 삼겹살이나 항정살을 구워 올려도 잘 어울려요.

재료	쇠고기 채끝(두께 1mm, 샤브샤브용) 150g	비빔양념	고추장 4큰술, 고춧가루 3큰술

재료
쇠고기 채끝(두께 1mm, 샤브샤브용) 150g
오이 1개, 무 120g, 배 1/4개, 상추 4장
깻잎 2장, 달걀 2개, 열무김치 150g
소면 480g, 참기름, 통깨 약간씩

오이 무 절임
식초 1큰술, 설탕 1큰술, 소금 1/2작은술

비빔양념
고추장 4큰술, 고춧가루 3큰술
간장 1/2큰술, 식초 3큰술, 매실액 2큰술
설탕 2작은술, 배즙 4큰술, 다진 양파 2큰술
다진 파 1큰술, 다진 마늘 1큰술
연겨자 1큰술, 참기름 2큰술
깨소금 2큰술, 소금 2/3작은술, 후추 약간

재료준비

1. 절임용 오이와 무는 1.5×4cm 크기로 얇고 납작하게 썬다.
2. 배, 상추, 깻잎은 채썬다.

만들기

1. 비빔양념 재료를 잘 섞어 냉장보관한다. 하루 전에 만들어 숙성시킨 후 사용하는 게 좋지만, 바로 만들어 사용해도 된다.
2. 오이와 무는 식초, 설탕, 소금에 버무려 냉장고에 20분 정도 넣어 절인다.
3. 달걀은 끓는 물에 넣고 10분 정도 삶은 후 껍질을 벗기고 1/2등분한다.
4. 고기는 소금, 후추를 뿌려 밑간하고 달군 프라이팬에서 굽는다.
5. 소면을 삶은 후 찬물에 여러 번 헹궈 물기를 제거하고 비빔 양념을 넣어 잘 비빈다.
6. 비빈 소면을 1인분씩 그릇에 담고 열무김치, 상추, 깻잎, 오이, 무, 배, 달걀, 쇠고기구이 등의 고명을 올리고 참기름, 통깨를 뿌려 낸다.

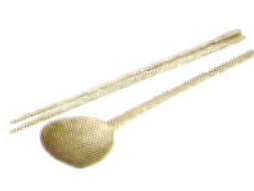

톡톡 터지는 날치알이 포인트인 알밥은 달군 뚝배기에 담아야 제 맛을 낼 수 있습니다. 뚝배기의 열기에 녹은 버터가 고소한 맛을 더하고 살짝 눌은 누룽지는 덤이지요.

재료 | 날치알 120g, 김치 200g, 분홍새우 12마리
오이 1/2개, 양상추 4장, 마늘 10개, 밥 4인분
버터 20g, 참기름, 송송 썬 부추, 김가루, 통깨 약간씩

만들기

1. 날치알은 레몬즙이나 오렌지즙에 잠시 담갔다가 체에 밭쳐 물기를 뺀다.

2. 마늘은 편썰어서 기름에 노릇하고 바삭하게 굽거나 튀긴다.

3. 새우는 끓는 물에 청주나 레몬즙을 떨어뜨린 후 데친다.

4. 김치, 오이, 양상추는 잘게 다진다. 김치가 신맛이 강하면 참기름과 설탕을 약간 첨가해서 조물조물 무친다.

5. 직화가 가능한 1인용 뚝배기를 준비해서 바닥에 참기름을 바른다. 밥을 절반 정도 담고 버터(1인당 5g 정도)를 올린 후 나머지 밥을 담는다.

6. 밥 위에 양상추, 오이, 김치, 날치알, 새우를 골고루 담고 참기름, 송송 썬 부추, 김가루, 통깨, 마늘칩을 약간씩 뿌려 맛을 더해준다. 뚝배기를 불 위에 올려 바닥이 살짝 눋도록 데운 후 비벼 먹는다.

①

②

③

④

⑤

김치 우동 (2인분)

매콤하고 진한 국물의 김치 우동은 겨울철 입맛을 잡기에 충분하지요.

가쓰오부시로 우려낸 육수는 요리에 깊은 맛을 더하고

돼지고기의 누린내를 없애준답니다.

재료	돼지고기(불고기용) 150g, 김치 150g	양념	고추장 1½큰술,

재료
돼지고기(불고기용) 150g, 김치 150g
양파 1/4개, 표고버섯 1개, 느타리 버섯 50g
어묵 1/2장, 콩나물 30g, 대파 1/3대
팽이버섯 1/2개, 청양고추 1~2개
홍고추 1/2개, 쑥갓 약간, 달걀 2개
우동 생면 400g, 가쓰오부시 육수 4컵,
소금, 후추 약간씩

양념
고추장 1½큰술,
다진 마늘 2쪽, 다진 대파 2큰술
설탕 1/2큰술, 청주 1큰술
참기름 1작은술, 소금, 후추 약간씩

재료준비

1. 양파와 어묵은 채썰고, 김치도 비슷한 크기로 썬다.
2. 표고버섯은 모양을 살려 납작하게 썰고, 느타리버섯은 결대로 찢는다.
3. 대파, 고추는 어슷썬다.

만들기

1. 돼지고기를 양념에 조물조물 무친다.
2. 냄비에 오일을 약간 두르고 양념에 재운 돼지고기를 넣어 볶다가 김치를 넣고 함께 볶는다.
3. 가쓰오부시 육수를 부어 한소끔 끓으면 양파, 표고버섯, 느타리버섯을 넣고 끓인다.
4. 1분 정도 끓이다가 우동면과 어묵, 콩나물을 넣어 면이 익도록 2분 정도 더 끓인다. 소금, 후추로 국물의 간을 맞춘다.
5. 달걀을 넣고 반숙으로 익으면 팽이버섯, 대파, 고추, 쑥갓을 얹어 낸다. 달걀은 미리 지단으로 만들어 마지막에 올려줘도 좋다.

해물 미소 라면

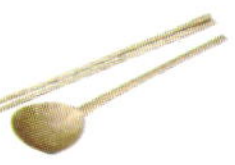

재료	꽃게 3~4마리, 조개 6~8개, 주꾸미 8마리, 새우 4마리, 관자 4개, 돼지고기 100g
	양파 1/2개, 다진 마늘 1작은술, 다진 생강 1/2작은술, 숙주 150g, 대파 1대
	닭 육수 6컵, 청주 2큰술, 일본미소(또는 된장) 2큰술, 고춧가루 2작은술, 국간장 2작은술,
	참기름 1큰술, 생라면 4인분, 소금, 후추 약간씩

재료준비

1. 꽃게, 새우 등의 해산물은 먹기 편하게 손질하고, 조개는 해감한다.

2. 돼지고기는 기름이 약간 있는 부위로 준비해서 채썬다.

3. 양파는 채썰고, 대파는 채썰어서 찬물에 담갔다가 물기를 제거한다.

만들기

1. 냄비에 참기름을 두르고 양파, 마늘, 생강을 넣어 볶다가 돼지고기, 일본미소, 고춧가루를 넣어 볶는다.

2. 꽃게, 조개, 청주를 넣어 볶듯이 섞어주고, 닭 육수를 부어 한소끔 끓인다.

3. 꽃게가 익도록 잠시 끓이면서, 떠오르는 거품을 걷어낸다. 국물이 어느 정도 우러났으면 주꾸미, 새우, 관자, 숙주를 넣어 재료가 익을 때까지 조금 더 끓인다. 국간장, 소금, 후추로 간을 맞춘다.

4. 면을 삶아서 그릇에 담고 3의 해물과 국물을 붓는다. 채썬 대파를 올린다.

메밀국수

여름에 시원한 메밀국수 한 그릇이면 더위로 잃었던 입맛을 되찾기에 충분하지요. 보통 미리 만들어진 인스턴트 제품을 많이 구입하지만 집에서도 간단하게 맛있는 메밀간장을 만들 수 있어요. 많은 양을 만들어 한 번 먹을 만큼씩 냉동실에 넣어두면 간편하게 사용할 수 있습니다.

재료

메밀국수 400g
무즙 6큰술
고추냉이 4작은술
쪽파 4큰술
김채 약간

메밀간장

가쓰오부시 육수 600ml
(물 4컵+다시마 15g+가쓰오부시 20g)
미림 2½큰술, 청주 2½큰술
간장 4½큰술, 설탕 4½큰술
소금 1/3작은술

만들기

1. 냄비에 물 4컵과 다시마를 넣어 끓기 직전까지 데운 후 가쓰오부시를 넣고 불을 끈다. 15분 정도 우려낸 후 체에 걸러 맑은 육수를 만든다.

2. 가쓰오부시 육수와 미림, 청주, 간장, 설탕, 소금을 냄비에 담고 한 번 끓여 메밀간장을 만든 후 냉동실에 넣어 살얼음이 살짝 낄 정도로 차게 준비한다.

3. 무는 강판에 갈아서 즙을 살짝 짠 후 그릇에 담는다. 고추냉이, 송송 썬 쪽파, 김채도 각각 그릇에 담는다.

4. 면을 삶아 사리를 틀어 담고, 쪽파와 김채를 약간씩 얹어준다.

5. 차게 준비한 메밀간장에 갈아놓은 무, 고추냉이를 넣어 살짝 풀어준 후 메밀면을 담가 먹는다.

생강향 돼지구이덮밥 (1인분)

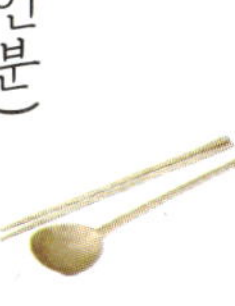

돼지고기 생강구이는 손쉽게 만들 수 있는 일본의 대표적인 가정식인데 약간 변형을 해서 덮밥 형태로 만들어 봤어요. 다른 반찬 없이도 맛있게 먹을 수 있는 일품 요리예요.

재료	
돼지고기 구이용 140g (삼겹살, 항정살 등 3mm 두께)	생강소스
양배추 80g, 밥 1인분	간장 1½큰술, 미림 1½큰술
찹쌀가루 1~2큰술	청주 1큰술, 설탕 1큰술, 매실청 1작은술
얇게 채썬 생강, 소금, 후추 약간씩	다진 양파 1큰술, 다진 대파 1큰술
	생강즙(생강 간 것) 1/4작은술
	후추 약간

만들기

1. 생강소스는 한소끔 끓인 후 식힌다.

2. 양배추는 최대한 얇게 채썰어 찬물에 10분 정도 담갔다가 물기를 제거한다.

3. 생강소스 2큰술을 양배추에 고루 뿌려 버무려둔다.

4. 돼지고기는 두께 2~3mm 정도의 구이용으로 준비해서 4~5cm 길이로 썰고, 소금, 후추를 살짝만 뿌려 밑간한 후 찹쌀가루를 솔솔 뿌려 묻힌다.

5. 달군 팬에 기름을 약간 두르고 돼지고기를 노릇하게 굽는다. 남은 생강소스를 고기에 뿌려 소스가 배도록 잠시 조린 후 불을 끈다.

6. 따뜻한 밥 위에 양배추와 구운 돼지고기를 올려 담고 소스를 끼얹는다. 얇게 채썬 생강을 뿌린다.

쇠고기덮밥

(규동 / 1인분)

달콤 짭조름하게 맛이 밴 쇠고기와 국물을 밥 위에 올려 간편하게 먹을 수 있는 일본식 덮밥이에요. 덮밥용 냄비나 작은 팬에 1인분씩 만들어 밥 위에 부으면 모양이 흐트러지지 않아서 좋아요. 똑같은 방법으로 닭고기로 만들면 오야코동, 돈가스로 만들면 가쓰동을 만들 수 있어요.

재료	쇠고기(불고기나 샤브샤브용) 100g	간장 육수	가쓰오부시 육수 1/2컵
	양파 1/2개		간장 1큰술
	대파 5cm		설탕 1/2큰술
	표고버섯 1개		미림 1/2큰술
	달걀 1개		청주 1/2큰술
	밥 1인분		

재료준비

1. 양파는 채썰고, 대파는 어슷썬다. 표고버섯은 채썰거나 모양을 살려 편썬다.
2. 달걀은 잘 풀어놓는다.

만들기

1. 간장 육수를 덮밥용 냄비나 작은 팬에 담아 끓인다.
2. 양파, 대파, 표고버섯을 넣어 잠시 끓인다.
3. 고기를 넣어 익힌다.
4. 달걀을 풀어 넣고 반숙 정도로 익힌다.
5. 따뜻한 밥 위에 쇠고기덮밥 재료를 붓는다.

<table>
<tr><td>재
료</td><td>삼겹살(또는 목살) 800g, 밥 4인분

송송 썬 쪽파, 후추, 깨 갈은 것 약간씩

고기 삶는 재료

물 5컵, 청주 1/4컵, 대파 1대, 양파 1/2개

마늘 1통, 생강 1쪽, 된장(또는 일본미소) 2큰술

월계수잎 2장, 팔각 1개, 통후추 1작은술</td><td>조
림
소
스</td><td>간장 6큰술, 굴소스 1큰술

설탕 1큰술, 꿀 4큰술, 미림 2큰술

고기 삶은 물 1¼컵

어슷썬 대파 1대, 편썬 마늘 1통

생강 2쪽, 소금, 후추 약간씩</td></tr>
</table>

차슈덮밥

향신료를 넣은 간장소스에 조린 돼지고기를 얇게 썰어 밥 위에 올린 덮밥이에요. 고기와 소스가 따뜻한 밥 속으로 촉촉하게 스며들어 입 안에서 살살 녹는 듯 부드럽습니다. 돼지 삼겹살로 만든 기름진 메뉴라서 자주 만들지는 않지만 만들 때마다 인기 만점이랍니다.

재료준비

1. 고기는 흐르는 물에 씻거나 찬물에 잠시 담가 핏물을 제거한 후 물기를 닦는다.
2. 바로 요리하는 것보다 끓는 물에 청주를 조금 붓고 고기를 넣어 겉면만 살짝 익도록 데쳐내면 잡내와 불순물을 제거할 수 있다.

만들기

1. 냄비에 고기 삶는 재료를 담고 끓기 시작하면 살짝 데쳐놓았던 고기를 넣고 부드럽게 익도록 삶는다.
2. 익은 고기는 건져낸다. 고기 삶은 물은 위로 뜬 기름기를 제거하고 체에 걸러 1¼컵을 받아서 조림소스 재료와 섞는다.
3. 고기를 2의 조림소스에 담가 양념이 배도록 1시간 이상 재운다.
4. 3의 조림소스만 따라내어 냄비에 담고 5분 정도 끓이다가 약불로 줄인다. 고기를 넣고 잠시 더 조리다가 양념이 배어들면 불을 끈다. 고기를 꺼내 한 김 식힌 후 얇게 썬다.
5. 그릇에 밥을 담고 4의 조림소스를 밥 위에 살짝 뿌린 후 고기를 담고 소스를 덧뿌린다. 쪽파를 뿌리고, 후추와 깨를 즉석에서 갈아 뿌린다.

팔각 (스타아니스)

여덟 개의 꼬투리가 별 모양을 하고 있는 향신료로 돼지고기, 오리고기 등에 넣어 냄새를 잡고 특유의 향을 더한다.
동파육, 오향장육 등 중국 요리에 주로 사용된다.

<table>
<tr><td rowspan="5">재
료</td><td>도미살(2마리)</td></tr>
<tr><td>쌀 2컵, 다시마 우린 물 2½컵</td></tr>
<tr><td>국간장 2작은술, 간장 2작은술, 청주 2작은술</td></tr>
<tr><td>다진 생강 1작은술, 쪽파 4줄기</td></tr>
<tr><td>다시마 우린 물
물 3컵, 다시마(손바닥만 한 크기) 1장, 표고버섯 4개</td></tr>
</table>

<table>
<tr><td rowspan="3">비
빔
간
장</td><td>다시마 우린 물 6큰술, 간장 2큰술</td></tr>
<tr><td>참기름 1큰술, 부추 4큰술</td></tr>
<tr><td>일본식 피클 다진 것 1큰술(또는 우메보시 2개)</td></tr>
</table>

도미밥

축하한다는 의미를 담고 있어 특별한 날 만들기 좋은 음식이에요. 생선을 통째로 올려서 밥을 짓기도 하는데, 살만 포를 떠서 만들면 모양새도 깔끔하고 먹기도 편하답니다. 생선을 넣어 지은 밥이지만 전혀 비리지 않고 향도 좋고 구수한 맛이 일품이에요.

재료준비

1. 쌀을 씻어서 30분간 불린다.

2. 도미는 살만 포를 떠서 준비한다.

3. 생강은 곱게 다진다. 쪽파와 부추는 송송 썬다.

4. 우메보시는 씨를 제거하고 으깬 후 다진다. 일본식 피클이나 우메보시는 생략해도 된다.

만들기

1. 냄비에 물을 3컵 정도 붓고 다시마, 표고버섯을 넣어 끓기 직전까지 데운 후 그대로 식혀서 다싯물을 우린다. 다싯물은 체에 걸러 받아두고, 표고버섯은 채썬다.

2. 도미는 소금, 후추로 간을 한 후 노릇하게 굽는다.

3. 냄비에 쌀과 다시마 우린 물을 붓고, 국간장, 간장, 청주를 넣어 섞은 후 뚜껑을 덮고 불에 올려 끓인다. 한 번 끓으면 중불로 줄여 5분 정도 익힌다.

4. 쌀 위에 표고버섯과 구운 도미를 얹고 뚜껑을 덮은 후 5분 정도 더 익히다가 약불로 줄여 5분 정도 뜸을 들인다.

5. 밥 위에 송송 썬 쪽파와 다진 생강을 뿌리고 잘 섞는다. 도미밥을 그릇에 담고 비빔간장을 곁들여 비벼 먹는다.

우메보시

일본식 매실 절임으로 소화촉진, 살균 작용, 정장 작용, 피로회복, 노화방지 등에 효과가 있는 알칼리성 건강식품이다. 반찬으로도 먹을 수 있고, 소스나 주먹밥 등의 요리에 다양하게 활용할 수 있다.

오므라이스

100년 전통으로 유명한 일본 경양식 집에서 먹었던 이 오므라이스는 달걀과 밥이 골고루 잘 어우러져 입 안에서 살살 녹는 듯 촉촉하고 부드러운 맛이 특징이에요. 여행 중에 맛본 음식을 집에서 따라 만들어 보는 것도 여행의 또 다른 즐거움 중 하나인 것 같아요.

재료	쇠고기 160g, 감자 1/2개, 당근 1/4개,

쇠고기 160g, 감자 1/2개, 당근 1/4개,
표고버섯 2장, 양파 1/2개, 마늘 2쪽
파프리카 1/2개, 브로콜리 2송이
밥 3공기, 달걀 8개
소금, 후추 약간씩

소스 : 사과 3/4개(150g), 양파 2큰술
당근 1큰술, 마늘 1/4쪽
토마토케첩 8큰술
우스터소스 1½큰술
버터 1/2큰술, 후추 약간

재료준비 쇠고기와 채소는 잘게 다진다.

만들기

1. [소스 만들기] 약불로 달군 소스팬에 버터를 녹이고 다진 양파, 당근, 마늘을 넣어 노릇해질 때까지 충분히 볶는다. 믹서에 볶은 채소, 사과, 케첩, 우스터소스, 후추를 넣어 곱게 간 후 소스팬에 담고 잠시만 더 조린다.

2. 프라이팬에 오일을 3큰술 정도 두르고 다진 재료를 넣어 볶는다. 다진 양파, 마늘을 볶다가 감자, 당근, 버섯을 넣어 볶고 고기, 파프리카, 브로콜리 순으로 볶는다. 밥을 넣어 볶고 소금, 후추로 밑간한다.

3. 달걀은 1인분에 2개씩 깨서 그릇에 담고 소금, 후추로 밑간하여 잘 풀어준다. 볶음밥을 1인분씩 달걀에 넣어 섞는다.

4. 약불로 달군 팬에 오일을 약간 두르고 달걀에 버무린 볶음밥을 부어 밑면이 익으면 반으로 접어서 오므라이스 형태를 만들면서 마저 굽는다.

5. 그릇에 완성된 오므라이스를 담고 따뜻한 소스를 뿌린다.

<table>
<tr><td rowspan="5">재
료</td><td>쇠고기 300g, 다진 마늘 3~4쪽, 다진 양파 1개, 감자 1개, 양송이 버섯 12개</td></tr>
<tr><td>당근 1/2개, 셀러리 1대, 청·홍 피망 1개씩, 토마토 페이스트 4큰술</td></tr>
<tr><td>토마토케첩 4큰술, 레드와인 1컵, 닭 육수(또는 쇠고기 육수) 2½컵, 월계수잎 1~2장</td></tr>
<tr><td>올리브오일 2큰술, 버터 2큰술, 밀가루 4큰술, 우스터소스 2큰술</td></tr>
<tr><td>소금, 후추 약간씩, 완두콩밥, 달걀 프라이나 수란</td></tr>
</table>

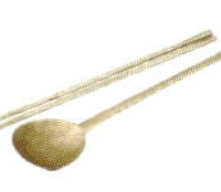

해쉬드라이스

잘게 다진 고기와 채소를 넣고 스튜처럼 걸쭉하게 끓여서 밥 위에 얹어 비벼 먹는 일본식 덮밥이에요. 인스턴트 가루로 간단하게 만들 수도 있지만 직접 재료를 볶고 토마토와 육수를 부어 끓인 해쉬드라이스는 더 깊고 풍부한 맛을 낸답니다. 일반적으로 〈하이라이스〉라고 부르죠.

재료준비

1. 쇠고기는 2cm 크기의 주사위 모양으로 썬다.
2. 감자, 당근, 셀러리, 청·홍피망은 1cm 크기의 주사위 모양으로 썰고, 양송이버섯은 모양을 살려 편썬다.

만들기

1. 쇠고기는 소금, 후추로 밑간하고, 밀가루를 뿌려 고루 묻힌 후 여분의 가루는 털어 한쪽에 담아둔다.
2. 팬에 오일과 버터를 넣어 녹이고 다진 마늘과 양파를 넣어 약불에서 갈색이 될 때까지 충분히 볶는다. 단, 타지 않도록 주의한다.
3. 고기를 넣고, 남은 밀가루도 같이 넣어 진한 갈색이 될 때까지 볶는다. 냄비 바닥에 눌러 붙어도 괜찮지만 타지 않도록 한다. 갈색이 되면 썰어둔 채소를 넣어 섞고, 토마토 페이스트, 토마토케첩을 넣어 섞은 후 레드와인을 부어 바닥에 눌러 붙은 것을 긁어내며 잘 볶아준다.
4. 육수를 붓고 월계수잎을 넣어 한소끔 끓으면 불을 중불 이하로 줄이고 뚜껑을 반쯤 덮어 감자, 당근 등이 익도록 끓인다.
5. 재료가 다 익고 걸쭉하게 되면 월계수잎을 건져내고, 우스터소스, 소금, 후추로 간한다. 완두콩밥 위에 끼얹고 계란 프라이나 수란을 얹어 낸다.

토마토 페이스트
토마토를 오랜 시간 조려 농축해놓은 캔 제품으로 토마토가 들어가는 요리에 넣어 농도와 색을 조절한다. 한꺼번에 사용할 수 없으므로 1큰술씩 랩에 싸서 냉동보관했다가 꺼내 쓴다.

<table>
<tr><td rowspan="6">재
료</td><td>연두부(또는 생식용 두부) 2모(500g), 돼지고기 200g</td><td rowspan="5">돼
지
고
기
밑
간</td><td>간장 2큰술</td></tr>
<tr><td>가지 1개, 양송이버섯 6개, 다진 마늘 4쪽, 다진 생강 1작은술</td><td>설탕 1큰술</td></tr>
<tr><td>홍고추 2개, 고춧가루 2큰술, 고추기름 1큰술, 고추장 2큰술</td><td>청주 1큰술</td></tr>
<tr><td>양파 1개, 대파(흰부분만) 2대, 닭 육수 3½컵</td><td>참기름 1작은술</td></tr>
<tr><td>굴소스 1큰술, 물전분 6큰술 (전분 3큰술, 물 6큰술)</td><td rowspan="2">소금, 후추 약간씩</td></tr>
<tr><td>참기름 1작은술, 포도씨오일 2큰술, 소금, 후추, 산초가루 약간씩</td></tr>
</table>

마파두부덮밥

두부를 매콤한 소스에 조려서 덮밥 형태로 만든 중국 음식이에요. 매운 듯하면서도 따뜻하고 부드러운 맛이 일품이죠. 연두부를 사용해서 부드러운 식감을 살리고 두반장 대신 고춧가루와 고추장으로 맛을 냈어요.

재료준비

1. 두부는 1.5cm 크기의 주사위 모양으로 썬다.

2. 돼지고기는 불고기감으로 준비해서 채썰거나 잘게 썰어서 밑간한다.

3. 가지는 2cm 크기의 주사위 모양으로 썰고, 양송이버섯은 크기에 따라 4~6등분 한다. 홍고추는 씨를 제거한 후 잘게 다진다.

4. 양파는 잘게 썰고, 대파는 다진다.

5. 전분은 물에 풀어 물전분을 만들어놓는다.

만들기

1. 냄비에 물 2컵, 소금 1작은술을 넣어 끓으면 두부를 넣어 한소끔 끓인 후 체에 밭쳐 물기를 뺀다. 소금을 넣은 끓는 물에 한 번 데쳐주면 두부가 잘 부서지지 않는다.

2. 팬에 포도씨오일을 1큰술 두르고 가지, 양송이버섯을 각각 센 불에서 볶고 소금, 후추로 간한다. 그릇에 덜어 놓는다.

3. 팬에 다시 포도씨오일을 1큰술 두르고 다진 마늘, 다진 생강, 다진 홍고추를 넣어 볶다가 고추기름, 고춧가루, 고추장을 넣어 볶는다.

4. 양념한 돼지고기를 넣어 볶다가 잘게 썬 양파, 다진 대파를 넣어 볶는다.

5. 육수를 부어 끓으면 두부, 가지, 버섯을 넣고 굴소스, 소금, 후추로 간한다.

6. 물전분을 넣어 섞어주고 센 불로 올려 30~40초 정도 소스가 걸쭉해질 때까지 끓인다. 참기름, 산초가루(또는 고추기름, 산초유)를 뿌려 마무리한다. 밥 위에 마파두부를 올려 담고, 다진 실파를 뿌린다.

굴 짬뽕 (2인분)

굴을 넣어 뽀얗게 끓인 짬뽕이에요.
쌀쌀한 겨울의 기운이 감돌기 시작하면 어김없이 생각나는 음식이지요.
굴과 채소에서 우러난 시원하고 개운한 국물 맛이 추운 몸을 따뜻하게 녹여줘요.

재료
생굴 200g, 돼지고기 100g
양배추 70g, 양파 1/2개, 당근 1/4개, 숙주 70g, 부추 25g, 청경채 1개
대파 1/2개, 생강 1쪽, 청·홍고추 1/2개씩
닭 육수 4~5컵, 생면 300g, 청주 1~2큰술, 굴소스 1/2큰술
국간장, 소금, 후추 약간씩

재료준비
1. 굴은 체에 밭쳐 살살 흔들어 씻은 후 물기를 제거하고, 나머지 재료는 5cm 정도의 비슷한 길이로 채썬다. 생강은 가늘게 채썰거나 잘게 다지고, 고추는 어슷썬다.
2. 면을 삶아서 찬물에 헹군다.
3. 그릇에 담기 전 면을 데울 물을 옆에서 끓인다.
4. 육수를 냄비에 담아 한쪽에서 미리 데운다(닭 육수나 홍합 육수 등을 쓴다).

만들기
1. 웍(중국식 팬)이나 냄비를 준비해서 달군 후 기름을 1큰술 정도 두르고 생강과 파를 넣어 향이 나게 볶다가 돼지고기를 넣어 볶는다.
2. 돼지고기가 어느 정도 익으면 양파, 양배추, 당근을 넣어 볶는다.
3. 굴과 굴소스를 넣어 살짝 볶는다. 청주를 넣어 비린내를 날린다.
4. 끓는 육수를 부어 한소끔 끓으면 숙주, 부추, 청경채, 청·홍고추를 넣고 국간장, 소금, 후추로 간을 맞춘 후 한소끔 더 끓여 불을 끈다.
5. 미리 삶아둔 면을 끓는 물에 넣어 데운 후 건져서 물기를 제거한다. 면을 그릇에 담고 4의 국물을 붓는다.

<table>
<tr><td>재
료</td><td>새우 3마리, 관자 1개
돼지고기(샤브샤브용 또는 불고기용으로 얇게 썰어진 것) 100g
적양파 1/2개, 양배추 80g, 숙주 50g, 당근 15g, 표고버섯 1개
청경채 1~2개, 팽이버섯 1/2팩, 다진 마늘 1쪽, 다진 생강 1톨
어슷썬 대파 1/4대, 볶음용 면 180g
가쓰오부시, 김가루(또는 파래가루) 약간씩</td><td>소
스</td><td>간장 1½큰술
설탕 2작은술
청주 1큰술, 미림 1큰술
우스터소스 1작은술
고추기름 1작은술
소금, 후추 약간씩</td></tr>
</table>

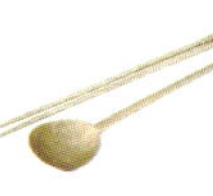

볶음면 (1인분)

해물과 돼지고기가 들어간 일본식 볶음면이에요. 굴소스로 맛을 내도 좋고 고추나 고추기름을 넣어 매콤한 맛을 더해도 좋죠. 생라면, 우동면, 쌀국수, 파스타 등 면에 변화를 줘도 다른 느낌의 볶음면을 즐길 수 있어요.

재료준비

1. 새우는 머리, 몸통 부분의 껍질, 내장을 제거한다. 관자는 힘줄과 내장을 제거하고 3등분으로 편썬다.

2. 돼지고기, 양파, 양배추, 당근은 채썬다.

3. 표고버섯은 모양을 살려 편썰고, 청경채는 크기에 따라 2~4등분한다.

만들기

1. 팬에 오일을 2큰술 두르고, 다진 마늘, 생강, 어슷썬 대파를 넣어 향을 내며 볶다가 양파, 양배추, 숙주, 당근, 표고버섯을 넣어 볶는다.

2. 채소가 어느 정도 볶아지면 돼지고기, 새우, 관자를 넣어 볶는다.

3. 살짝 데쳐낸 면을 넣어 볶다가 소스 재료를 설탕이 녹도록 충분히 섞어준 후 부어서 함께 볶는다.

4. 청경채, 팽이버섯을 넣어 섞어가며 볶는다. 접시에 볶음면을 담고 가쓰오부시, 김가루(또는 파래가루) 등을 뿌린다.

- 부추, 피망 등의 다른 채소를 사용해도 되고, 마지막에 달걀을 풀어 함께 볶아줘도 좋다.
- 볶음용 면 대신 굵은 쌀국수(스틱형, 5~10mm)를 사용해도 맛있게 만들 수 있다.

<table>
<tr><td>재
료</td><td>밥 4공기, 피망(빨간색, 녹색, 노란색) 1/4개씩
양파 1/4개(또는 쪽파 10줄기), 옥수수콘 150g
모짜렐라 치즈 250g, 다진 파슬리 또는 바질</td><td>토
마
토
미
트
소
스</td><td>양파 1개, 당근 1/4개, 양송이 버섯 3개, 마늘 1쪽
다진 쇠고기 200g, 토마토 페이스트 2큰술
레드와인 1/4컵, 다진 토마토 1캔(400g)
물(또는 닭 육수나 쇠고기 육수) 1컵, 말린 오레가노 1/2작은술
다진 생바질 3큰술, 파마산 치즈 25g, 설탕 1/2큰술
올리브오일 2큰술 소금, 후추 약간씩</td></tr>
</table>

고기를 넣은 토마토소스와 모짜렐라 치즈를 뚝배기에 담아 따뜻하게 비벼 먹는 비빔밥이에요. 피자나 파스타 같은 맛이라서 아이들에게 인기가 좋아요. 토마토 미트소스는 집에서 만들면 더 맛있지만 번거로울 때는 스파게티용 토마토소스를 구입해서 간단하게 만들어 보세요.

재료준비 | 모든 채소는 잘게 다진다.

만들기 |

1. 먼저 토마토 미트소스를 만든다. 팬에 올리브오일을 두르고 다진 양파를 넣어 중약불에서 5분 이상 충분히 볶다가 다진 당근, 버섯, 마늘 순으로 넣어 볶는다.

2. 채소가 충분히 익었을 때 다진 쇠고기를 넣어 볶는다. 토마토 페이스트를 넣어 볶고 레드와인을 넣어 잡내를 날린다.

3. 다진 토마토와 물(또는 육수)을 붓고, 말린 오레가노, 다진 바질 2큰술, 소금, 후추를 넣어 한소끔 끓으면 중약불로 줄여 뭉근히 1시간 정도 조린다.

4. 불에서 내려 파마산 치즈 간 것, 다진 바질 1큰술을 넣고, 설탕과 소금, 후추로 간을 맞춘다.

5. 뚝배기 바닥에 버터를 칠하고 따뜻한 밥을 담는다. 밥 위에 토마토 미트소스를 담고 다진 피망, 양파(또는 쪽파), 옥수수콘을 얹는다. 그 위에 모짜렐라 치즈를 듬뿍 올린다. 뚝배기를 불에 올려 뜨겁게 달궈지면 불에서 내려 비벼 먹는다. 입맛에 따라 파마산 치즈 간 것, 핫 소스, 케첩 등을 첨가해도 된다.

토마토 페이스트
토마토를 조려서 농축해놓은 제품이다.

다진 토마토
이탈리아의 길쭉한 토마토를 다져 놓은 캔 제품이다. 잘 익은 토마토를 껍질 벗기고 씨를 제거하여 잘게 다져서 사용해도 된다.

재료	관자 4개, 감자 1개, 양파 1/2개, 마늘 1통(6쪽)
	밥 2공기, 소금, 후추, 파마산 치즈 약간씩

페스토 소스	바질 30g, 구운 잣 15g, 마늘 2쪽
	파마산 치즈 25g, 올리브오일 50ml
	소금 1작은술, 후추, 레몬즙 약간씩

페스토소스 관자 볶음밥 (2인분)

기분 좋은 허브향이 입 안 가득 퍼지는 향긋한 볶음밥이에요. 바질과 잣, 파마산 치즈 등을 갈아 만든 페스토소스는 열을 오래 가하면 풍미가 떨어지고 색도 검게 변하기 때문에 마지막에 넣어 마무리하는 게 좋아요.

재료준비

1. 관자는 힘줄과 얇은 막을 제거하고 1~1.5cm 크기의 주사위 모양으로 썬다.
2. 감자, 양파는 0.5cm 크기의 주사위 모양으로 썰고, 마늘은 얇게 편썬다.

만들기

1. 페스토소스 재료를 믹서에 넣고 간다.
2. 달군 팬에 오일을 1큰술 정도 두르고 감자, 양파, 마늘을 넣어 볶는다.
3. 감자가 충분히 볶아지면 관자를 넣어 살짝 볶는다.
4. 밥을 넣고 볶는다. 기름이 부족하면 1큰술 정도 첨가하여 볶고, 소금과 후추로 밑간한다.
5. 불을 끄고 페스토소스를 넣어 섞는다. 부족한 간은 소금, 후추로 한다. 밥을 그릇에 담고 파마산 치즈나 바질을 약간씩 뿌려준다.

바질
달고 산뜻한 향이 나며 피자, 파스타 등 이탈리아 요리에 빠질 수 없는 허브이다. 페스토소스, 카프레제 샐러드, 마르게리타 피자의 주재료로 쓰인다.

바질 페스토소스
바질, 잣, 파마산 치즈 등을 함께 갈아서 만든 이탈리아의 소스이다. 파스타에 잘 어울리고 고기 요리, 생선 요리, 샐러드, 빵에 바르는 스프레드까지 다양하게 활용할 수 있다. 유리병에 담고, 그 위에 올리브오일을 부어 냉장고에 보관하면 향과 맛을 오랫동안 유지할 수 있다.

파마산 치즈
피자나 파스타 위에 뿌리는 가루 치즈로 잘 알려진 이탈리아 파르마 지방의 치즈이다. 가루로 된 제품보다 덩어리로 된 치즈를 구입해서 먹기 직전에 갈거나 감자칼로 얇게 썰어서 요리에 뿌리면 더 진하고 짭조름한 특유의 맛을 즐길 수 있다.

2
1 3
4
5
6

즐거운 식탁 꾸미기

같은 음식이라도 꽃 한 송이를 꽂아 테이블을 화사하게 만든다거나 기본 반찬을 개인별로 따로 담아 내는 등 음식 담기에 신경을 쓴다면 그날의 식탁은 특별해집니다. 가족들이 좀 더 편하고 즐겁게 식사할 수 있도록 배려하는 마음을 느낄 수 있기 때문이죠. 음식의 맛만큼 담기와 상차림이 중요해지는 까닭입니다. 집밥이 기다려지는 행복한 식탁을 꾸며볼까요?

반찬이 필요 없는 한 그릇 음식일 때

❶ 개인별 테이블 매트를 깔고 그릇을 올린다. 큰 접시나 그릇을 사용해 이중으로 받치면 대접 받는 느낌을 주고, 음식물이 매트에 바로 떨어지는 것을 막아 깨끗하게 사용할 수 있다. 두 그릇 사이에 매트와 비슷한 문양의 천이나 종이 냅킨, 또는 큰 잎을 깔면 보기에도 좋고, 그릇끼리 부딪히는 소리가 나지 않아 좋다.

❷ 천으로 된 테이블 매트 대신 나무로 된 도마나 플레이트를 사용하면 신경 쓰지 않은 듯하면서도 감각적이고 자연스러운 분위기를 연출할 수 있다. 김밥이나 롤, 샌드위치 등의 음식을 담아 낼 때 잘 어울리는 세팅이다.

❸ 나무 트레이 위에 도일리 형태의 작은 매트를 깔고 그릇을 올려 담는다. 수저는 종이 냅킨으로 감싸 리본 테이프로 살짝 묶어주면 색다른 분위기를 낼 수 있다. 국수, 우동 등의 면류, 비빔밥 등의 간단한 한 그릇 음식을 담아 내면 잘 어울린다.

밥과 반찬을 곁들이는 상차림일 때

❹ 넓고 평평한 도자기를 매트 삼아 깔고 그 위에 밥 그릇, 국 그릇, 반찬 그릇을 올려 개인별로 밑반찬을 담아 내면 깔끔한 기본 상차림을 연출할 수 있다.

❺ 그릇이 꼭 세트가 아니어도 각각의 그릇을 어울리게 세팅하면 아기자기한 분위기를 연출할 수 있다. 수저받침을 그릇과 어울리는 것으로 선택해 스타일링을 살린다.

❻ 라탄이나 대나무 등의 자연 소재로 만든 타원형의 매트 위에 반찬을 담아 먹을 수 있는 사각형 개인 접시와 소스 종지를 올려 담는다. 다양한 형태와 재질의 테이블 매트로 식탁의 분위기를 바꿔주는 것도 좋다.

서양식 메뉴로 외식의 분위기를 낼 때

❼ 천이나 종이로 된 냅킨을 깔끔하게 접어서 냅킨링으로 고정하고, 꽃 장식으로 포인트를 준다. 음식 메뉴에 맞는 커트러리를 놓고, 물잔 또는 와인잔을 놓아주는 것만으로도 깔끔한 세팅이 연출된다.

❽ 스테이크 등의 메인 요리에 어울리는 간단한 세팅이다. 메시지 카드를 와인 코르크에 꽂아 행복한 식사 시간을 연출할 수도 있다. 메시지 카드에는 메뉴에 관한 내용을 써도 좋겠다.

❾ 디너 접시 위에 간단한 샐러드나 스프 등을 담을 수 있도록 그릇을 겹쳐 놓는다. 냅킨을 접어 커트러리를 올려놓아도 깔끔한 스타일링이 된다.

식탁을 손쉽게 꾸밀 수 있는 테이블 장식 소품들

• 꽃: 식탁에 꽃 몇 송이를 꽂아 장식하는 것만으로도 근사한 분위기를 연출할 수 있다. ❿ 꽃을 풍성하게 꽂아 테이블 한 가운데에 센터피스로 장식하거나, ⓫ ⓬ 꽃 몇 송이를 투명한 화기나 물컵에 간단하게 꽂아도 화사한 식탁 분위

기기가 만들어진다.　●**수저받침** ⓭ 그릇과 잘 어울리는 수저받침으로 포인트를 주는 것도 손쉬운 테이블 스타일링 중

하나다.　●**냅킨링** ⓮ 냅킨링은 세트로 구입해 사용해도 좋고, 리본 테이프나 와이어 등으로 그날의 주제에 어울리는

장식의 냅킨링을 만들어도 재미있는 식탁을 꾸밀 수 있다.　●**냅킨** ⓯ 특별한 날이라면 천으로 된 냅킨으로 세팅하는

것이 좋지만, 일상적으로는 종이 냅킨이 더 실용적이고 편리하다. 다양한 문양의 종이 냅킨은 단조로운 식탁에 장식

효과를 준다.　●**티코스터** ⓰ 물잔, 커피잔, 음료수잔 등을 받칠 수 있는 티코스터는 조각 천으로 간단하게 만들어 식

탁에 다양한 색감을 전할 수 있어 스타일링에 요긴한 아이템이다.　●**테이블 매트** ⓱ 테이블 매트는 개인 상차림을 차

릴 때 빠질 수 없는 아이템이다. 원하는 매트를 구입하는 데 한계가 있어 천으로 직접 만들기도 한다. 다양한 디자인으

로 제작하는 재미가 쏠쏠하고, 식탁에 깔아주면 장식의 효과를 충분히 낼 수 있다.　●**매트와 트레이** ⓲ 개인 상차림으

로 깔끔하게 스타일링하여 대접받는 듯한 느낌을 준다. 색감이나 재질에 변화를 주어 계절의 느낌을 식탁에 옮겨놓을

수 있다.

한식을 좋아하는 저는 제철의 나물 반찬, 두부나 생선구이, 찌개에 쌈용 채소를 식탁에 자주 올려요. 나이가 들수록 밥과 반찬 몇 가지만으로도 풍요로워지는 한식 밥상이 제일 맛있게 느껴진답니다. 평범하고 일상적인 메뉴에 쉽게 흥미를 잃는 가족의 입맛을 사로잡기 위한 저만의 비법이 담긴 밥반찬 메뉴들을 모아봤어요. 뭐든 뚝딱, 맛있고 특별하게 만들어내는 엄마의 손맛을 기억하고 닮아가려는 노력과 마음을 전해봅니다.

Part 02

개인 상차림 밥반찬 메뉴

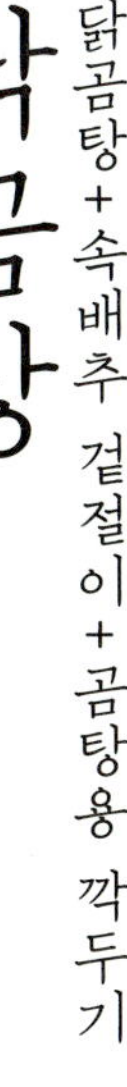

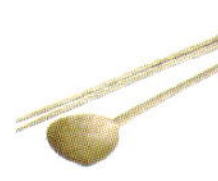

닭을 푹 삶아서 국물을 우려내고 먹기 좋게 살만 발라 양념한 여름철 보양식이에요. 밥을 말아 후루룩 먹기 편해서 겨울철 아침 메뉴로도 제격이죠. 국물을 식혀서 위에 뜨는 기름을 제거하면 고소하면서도 담백한 맛을 살릴 수 있습니다.

재료	영계 2마리 어슷썬 대파 2대(또는 부추 150g) 소금, 후추 약간씩 **향신 재료** 대파 1대, 마늘 10쪽, 생강 1톨 대추 5알, 수삼 2뿌리, 청주 2큰술 통후추 1작은술, 물 12~15컵
닭살 양념	다진 파 1큰술, 다진 마늘 1/2큰술 참기름 1큰술, 소금, 후추 약간씩

만들기

1. 영계는 깨끗이 씻어 준비한다. 냄비에 향신재료가 잠길 만큼의 물을 부어 끓으면 영계를 넣는다. 한 번 더 끓어오르면 떠오르는 거품을 제거하고, 중불로 낮춰서 닭이 부드럽게 익도록 30~40분 정도 끓인다.

2. 그대로 국물과 함께 식힌 후 닭을 건져내고, 육수는 체에 걸러 받아둔다. 닭다리를 제외한 닭가슴살을 손으로 먹기 좋게 찢은 후 양념한다(닭다리살과 닭가슴살을 모두 발라 찢어서 양념해도 된다).

3. 그릇에 양념한 닭살과 닭다리를 하나씩 담은 후 육수를 붓고 어슷썬 대파를 얹는다. 입맛에 맞게 간을 맞출 수 있도록 소금, 후추를 따로 담아 낸다. 밥과 겉절이, 깍두기 등을 반찬으로 곁들인다.

곰탕용 깍두기

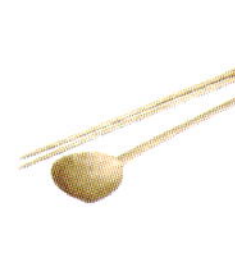

곰탕과 설렁탕에 빠질 수 없는 깍두기예요. 천일염을 푼 탄산수에 절인 후 꼬들거리게 물기를 빼주는 게 비법이에요. 일주일 정도 먹을 만큼만 담가서 빨리 먹는 게 맛있어요.

재료	무 1개(1.5kg), 쪽파 또는 실파 25g
	절임
	천일염 3큰술, 탄산수 1컵
	감미료 1/2큰술
양념	고춧가루 4큰술, 마늘 5개, 생강 1작은술, 배 100g
	양파 25g, 새우젓 1큰술, 액젓 1큰술, 매실청 1큰술
	밥 3큰술, 소금 1/2큰술, 감미료 1작은술

재료준비 | 무를 2cm 크기로 깍뚝썰기한다.

만들기

1. 탄산수 1컵에 천일염 2큰술, 감미료를 넣고 잘 녹인 후 무에 골고루 부어 버무린다. 남은 천일염 1큰술을 무 위에 솔솔 뿌려서 2~3시간 정도 절인다. 중간에 한두 번 뒤적여준다. 물에 3번 정도 헹궈 물기를 뺀다. 무거운 것으로 눌러 충분히 물기를 빼주면 아삭거리는 식감을 살릴 수 있다.

2. 고춧가루를 제외한 양념 재료를 믹서에 간다.

3. 물기를 제거한 무에 고춧가루를 넣어 버무린다.

4. 3~4cm 길이로 썬 실파와 갈아둔 양념을 넣고 버무린다. 반나절 정도 숙성시킨 후 냉장고에 넣어 두고 먹는다.

● 탄산수와 감미료 대신 사이다 1컵을 사용해도 된다.

속배추 겉절이

①

②

김치가 맛이 없을 때쯤 매콤하고 고소하게 무쳐 먹기 좋은 겉절이예요. 곰탕 등의 국물 요리나 수육 등의 고기 요리에 반찬으로 잘 어울리죠. 마지막에 들깨가루를 약간 넣어 무치면 은은한 들깨향이 입맛을 살려줘요.

재료	양념
속배추 200g	고춧가루 1큰술, 설탕 1큰술
깻잎 5장	액젓 1/2큰술, 간장 1/2큰술
실부추 약간	연겨자 2작은술, 다진 파 1큰술
	다진 마늘 1작은술, 생강즙 1작은술
	통깨 1작은술, 참기름 1/2큰술
	소금 약간

만들기

1. 속배추와 깻잎을 먹기 편한 크기로 썰고, 실부추는 4~5cm 길이로 썬다.

2. 양념을 넣어 버무린다. 먹기 직전에 버무려야 숨이 죽지 않고 아삭한 맛을 살릴 수 있다.

시금치 불고기 전골

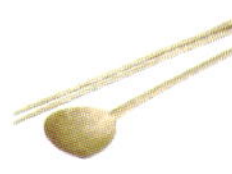

엄마가 자주 만들어 주시던 불고기 전골이에요. 고기도 맛있지만 보들보들한 시금치와 당면을 건져 먹는 맛도 정말 좋아요. 고기의 맛이 배인 달짝지근한 전골 국물은 밥에 끼얹어 비벼 먹거나, 밥을 넣어 볶아 드세요.

재료	소고기(불고기용) 300g, 시금치 100g	고기 양념	간장 3큰술, 배즙 3큰술
	양파 1/2개, 당면 60g, 팽이버섯 1/2팩		다진 파 2큰술, 다진 마늘 1큰술
	전골 국물		설탕 1큰술, 꿀 1/2큰술
	물 3컵, 다시마 10×10cm 1장		생강즙 1작은술, 청주 1큰술
	양파 1/4쪽, 마늘 1쪽, 통후추 10알		깨소금 1큰술, 참기름 1큰술
	청주 1큰술, 국간장 1작은술, 배즙 3큰술		소금, 후추 약간씩
	소금 약간		

재료준비

1. 양파는 채썬다.
2. 당면은 물에 담가 불린다.

만들기

1. 쇠고기는 고기 양념으로 밑간하여 30분 정도 냉장고에 넣어둔다.
2. 냄비에 물, 다시마, 양파, 마늘, 통후추, 청주를 넣고 끓기 시작하면 불을 중약불로 줄여 10~15분 정도 끓인 후 체에 거른다. 국간장, 배즙, 소금으로 밑간하여 전골 국물을 만든다. 만들어진 전골 국물을 냄비에 담아 약불로 끓인다.
3. 전골 팬을 달궈 양념한 고기와 양파를 넣어 볶는다.
4. 옆에서 끓이고 있던 뜨거운 전골 국물을 자작하게 붓고, 불린 당면을 넣어 당면이 익을 때까지 끓인다.
5. 시금치, 팽이버섯을 넣어 한소끔 더 끓인 후 불을 끈다.

감자전

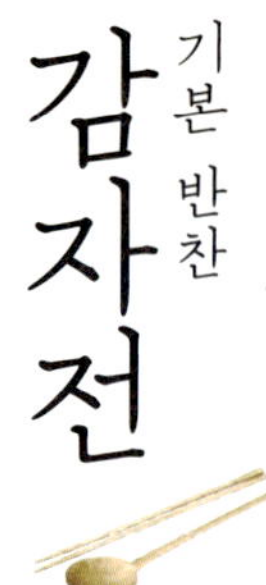

간 감자와 감자 앙금으로 부드럽고 고소하게 부친 전으로 강원도 향토 음식이에요. 약간의 씹히는 맛을 위해 감자의 반은 얇게 채썰어서 함께 넣었어요.

재료	감자 2개, 양파 1/3개
	다진 오징어(또는 한치) 다리 2큰술
	밀가루 1큰술, 전분 1/2큰술
	물 1큰술, 소금 1/2작은술

양념장	간장 1큰술, 식초 1/2큰술
	물 1큰술, 고춧가루 1작은술
	깨소금 약간

재료준비

1. 오징어는 다리 부분만 잘게 다진다.
2. 양파는 가늘게 채썬다.

만들기

1. 감자 1/2개는 가늘게 채썰고, 나머지는 강판에 갈아 면보에 싸서 물기를 짠다.
2. 모든 재료를 잘 섞는다.
3. 달군 팬에 오일을 넉넉히 두르고 반죽을 한 수저씩 떠 넣어 앞뒤로 노릇하게 지진다.
4. 감자전을 그릇에 담고 양념장을 곁들여 낸다.

세발나물 겉절이

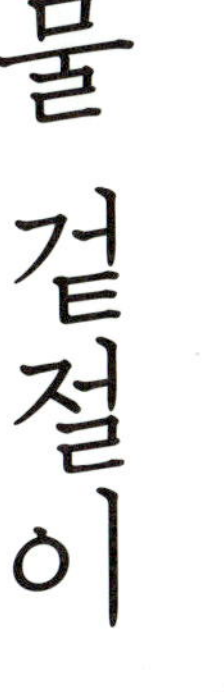

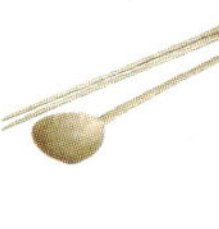

갯벌에서 자라서 갯나물이라고도 하는 세발나물 무침이에요. 보들보들하면서도 씹히는 맛이 있죠. 약간의 간기가 있기 때문에 간은 약하게 하는 게 좋아요. 채썬 배, 콜라비 등과 함께 무쳐도 맛있어요.

재료
세발나물 100g
돌나물 20g

양념
액젓 1/2큰술
고춧가루 1작은술, 설탕 1작은술
참기름 1작은술, 깨소금 1작은술
다진 파 1/2작은술, 다진 마늘 1/3작은술

만들기
1. 세발나물과 돌나물은 깨끗이 씻어 물기를 뺀다.
2. 양념을 넣어 살살 버무린다. 먹기 직전에 무친다.

● 세발나물은 겨울부터 초봄에 나오는 나물로 노화방지, 변비 예방에 좋다.

콩탕

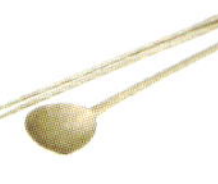

결혼 전, 남편과 데이트하던 시절에 가끔 가던 〈할머니 콩탕〉 집이 있었어요. 뽀얀 콩탕에 간간히 씹히는 고소한 고기와 아삭한 배추가 어찌나 맛있던지요. 양념장을 얹어 먹어도 맛있지만 강된장을 끓여 양념처럼 얹어 비벼 먹어도 맛있어요.

재료	흰콩 1/2컵, 돼지고기 150g	양념장	간장 2큰술, 육수 2큰술
	배추김치 200g, 표고버섯 2개		새우젓 1작은술, 다진 파 1큰술
	참기름 1큰술, 다진 마늘 1큰술		다진 마늘 1큰술, 고춧가루 1큰술
	생강즙 1/2작은술, 청주 1큰술		참기름 1큰술, 깨소금 1큰술
	된장 1작은술, 다시마 멸치 육수 2½컵		후추 약간

재료준비

1. 흰콩은 깨끗하게 씻은 후 물에 담가 반나절 정도 불린다.

2. 돼지고기는 채썬다.

3. 김치는 씻어서 속 양념을 제거한 후 잘게 채썬다.

4. 표고버섯은 편썰거나 채썬다.

만들기

1. 콩과 콩 불린 물 1컵을 믹서에 넣고 간다.

2. 뚝배기에 참기름을 두르고 다진 마늘을 넣어 볶다가 돼지고기를 넣어 함께 볶는다. 청주, 생강즙, 된장을 넣어 볶는다.

3. 김치, 표고버섯을 넣어 볶다가 육수를 붓고 한소끔 끓으면 중불로 줄여 뚜껑을 살짝 걸쳐 덮고 10분 정도 끓인다.

4. 콩물을 넣고 약불로 줄여 뚜껑을 살짝 걸쳐 덮고 15분 정도 끓인다. 젓지 말고 그대로 끓이되, 끓어 넘치지 않도록 주의한다.

5. 콩탕을 그릇에 담고, 양념장을 곁들여 입맛에 맞게 양념하여 먹는다.

꽈리고추 무침

꽈리고추에 콩가루를 묻혀 찐 다음 매콤한 양념에 무친 반찬이에요. 고소하고 칼칼해서 밥반찬으로 아주 좋아요.

재료
꽈리고추 150g
날콩가루 2큰술

밑간
들기름 1큰술
소금, 후추 약간씩

무침양념
간장 1½큰술, 국간장 1작은술
설탕 1/2작은술, 다진 파 1/2큰술
다진 마늘 1작은술, 고춧가루 1작은술
참기름 1/2큰술, 깨소금 1/2큰술

만들기

1. 꽈리고추는 꼭지를 떼고 깨끗이 씻어 물기를 제거한다. 들기름, 소금, 후추를 약간씩 넣고 버무려 밑간한다.

2. 꽈리고추에 날콩가루를 뿌려 그릇째 들썩이며 골고루 묻힌다.

3. 전자레인지에 넣고 뚜껑을 덮어 3분 30초 정도 익힌다. 또는 김이 충분히 오른 찜기에 넣고 5분 정도 찐다.

4. 꽈리고추를 넓게 펼쳐 식힌 후, 무침 양념을 넣어 살살 무친다.

기 본 반 찬

달걀말이

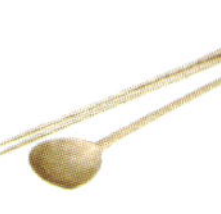

기본적인 재료만 넣어 만든 일본식 달걀말이에요.
얇은 층으로 구워 말기를 반복하여 부드럽고 촉촉해요.
반찬으로도 좋고 초밥 위에 올리면 〈달걀말이 초밥〉을 만들 수 있어요.

재료	달걀 4개, 육수(가쓰오부시 육수 또는 다시마 육수) 4큰술
	다진 파 1큰술, 국간장 1작은술, 소금 1/3작은술
	청주 2큰술, 미림 1큰술, 설탕 1작은술

만들기

1. 달걀에 다진 파를 제외한 재료를 모두 넣고 고루 풀어준 후 체에 내려 알끈을 제거한다.

2. 다진 파를 넣어 고루 섞는다.

3. 13×18cm 크기의 사각팬을 달구고 기름을 두른 후 달걀물 1/4을 부어 80% 정도 익으면 말기 시작한다.

4. 다 말면 한쪽 끝으로 밀어 놓고 다시 팬이 얇게 덮일 정도로 1/4 분량의 달걀물을 붓는다. 이때 이미 말아놓은 달걀 아래쪽을 들어 달걀물이 흘러 들어가도록 한다. 똑같은 과정을 반복해서 말아준다.

5. 마지막에 만 이음새 부분이 바닥에 닿게 하여 연한 갈색이 나게 구워준 후 김발로 말아 모양을 잡는다. 잠시 식혀두었다가 썬다.

6. 무즙을 갈아 곁들이거나 다진 쪽파를 뿌려 낸다. 간장을 곁들여 낸다.

재료	순두부 1봉지, 돼지고기 100g, 바지락 70g, 새우 · 오징어 등 해물 100g
	배추김치 50g, 양파 1/6개, 다진 마늘 1큰술, 참기름 1큰술, 고추기름 1/2큰술
	고춧가루 1큰술, 청주 1큰술, 새우젓 다진 것 1작은술, 바지락 육수 2컵
	대파 1/4개, 홍 · 청고추 1/2개씩, 참기름, 소금, 후추 약간씩, 달걀 2개

순두부찌개+애호박눈썹나물+느타리버섯볶음

순두부찌개 (2인분)

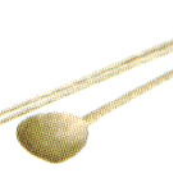

순두부를 넣어 매콤하게 끓인 찌개예요.
몸에 좋은 두부 요리로 외국인에게도 인기라지요.
돼지고기와 바지락 등의 해물을 듬뿍 넣어 깊은 맛을 냈어요.

재료준비

1. 순두부를 체에 밭쳐 물기를 뺀다.
2. 돼지고기와 김치는 채썰거나 잘게 썬다.
3. 바지락은 옅은 소금물에 담가 해감하고 새우, 오징어 등의 해물은 손질하여 먹기 좋게 썬다.
4. 양파는 채썰거나 네모나게 썬다. 대파, 고추는 어슷썬다.

만들기

1. 냄비에 청주 1큰술, 다시마 1장, 물 2½컵, 바지락을 넣고 끓으면 위에 뜨는 거품을 걷어낸다. 바지락이 입을 벌릴 때까지 끓인 후 불을 끄고, 체에 걸러 육수를 따로 받아둔다.
2. 뚝배기에 참기름, 고추기름을 두르고 마늘, 양파를 볶는다.
3. 돼지고기, 김치, 고춧가루를 넣어 볶는다.
4. 돼지고기가 어느 정도 익어갈 때 새우, 오징어, 바지락 등 해물을 넣고 볶다가 청주를 넣어 비린내를 날린다.
5. 1에서 받아둔 바지락 육수를 부어 3~5분 정도 끓이고 위에 뜨는 거품은 걷어낸다. 새우젓, 소금, 후추로 밑간한다.
6. 순두부를 떠 넣는다. 고추와 파, 달걀(또는 노른자만)을 올리고 참기름을 조금 떨어뜨려서 완성한다.

느타리버섯볶음

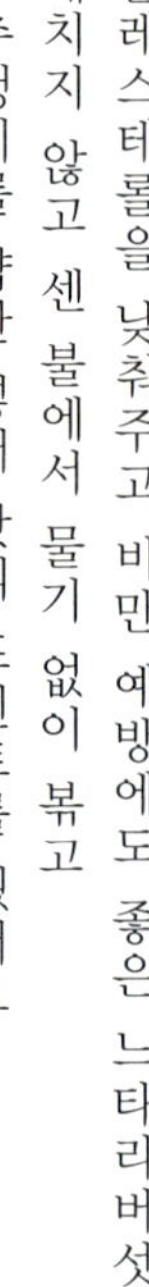

콜레스테롤을 낮춰 주고 비만 예방에도 좋은 느타리버섯볶음이에요.
데치지 않고 센 불에서 물기 없이 볶고
고추냉이를 약간 넣어 맛의 포인트를 줬어요.

재료	느타리버섯 250g, 풋고추 2개
	포도씨오일 1큰술
	갠 고추냉이 1/4작은술
	소금, 후추 약간씩

재료준비

1. 느타리버섯은 결대로 찢는다.
2. 풋고추는 반으로 갈라 씨를 제거하고 채썬다.

만들기

1. 센 불에 달군 팬에 오일을 두르고 느타리버섯을 넣어 볶는다. 촉촉해지기 시작하면 소금, 후추로 밑간하여 볶는다.
2. 풋고추와 고추냉이를 넣어 섞어준 후 불을 끈다.

● 센 불로 볶아주어야 물기가 덜 생기면서 맛있게 볶아진다. 미리 데친 후 물기를 제거하고 볶아줘도 된다.

애호박눈썹나물

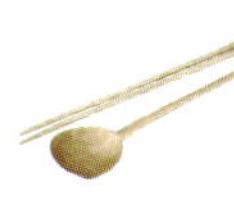

애호박을 눈썹 모양으로 썰어 볶은 나물이에요. 소금으로 간해도 되지만 새우젓을 약간 넣어주면 잘 어울린답니다.

재료	애호박 1개, 참기름 1큰술, 다진 마늘 1쪽
	새우젓 1작은술, 홍고추 1/2개

재료준비	홍고추는 반을 갈라 씨를 제거하고 채썬다.

만들기

1. 애호박은 반을 갈라서 씨 부분을 동그랗게 제거한 후 0.7cm 두께로 썬다.

2. 팬을 달군 후 참기름을 두르고 애호박을 볶는다.

3. 녹색이 선명해지기 시작하면 다진 마늘, 새우젓, 홍고추채를 넣고 잠시 더 볶아 준 후 불을 끈다.

● 애호박은 색이 선명해지기 시작하면 잠시만 더 볶은 후 마무리한다. 너무 오래 익히면 물컹해져서 지저분해지고 맛이 없다. 새우젓 대신 소금으로 간을 맞춰도 된다.

콩나물 된장찌개

된장찌개는 매일 먹어도 질리지 않을 만큼 좋아합니다. 콩나물과 해물을 넣은 된장찌개는 어릴 적 엄마가 자주 끓여주셔서 특히 좋아하는 메뉴예요. 된장 맛이 배어 구수하고 아삭하게 씹히는 콩나물을 밥에 올려 비벼 먹으면 정말 맛있어요.

재료	새우살 50g, 바지락살 50g, 콩나물 50g
	두부 1/4모, 감자 1/3개, 표고버섯 1장, 애호박 1/8개
	양파 1/6개, 대파 1/4대, 마늘 1쪽, 청양고추 1개
	홍고추 1/3개, 된장 1큰술, 고추장 1/2작은술
	쌈장 1/2작은술, 다시마 멸치 육수(또는 물) 1컵

재료준비

1. 새우와 바지락은 깨끗하게 손질하여 살만 발라 준비한다.

2. 두부는 1.5~2cm 크기의 주사위 모양으로 썰고, 감자는 1~1.5cm 크기의 주사위 모양으로 썬다.

3. 표고버섯은 모양을 살려 편썰고, 애호박은 반달썰기 또는 십자썰기한다.

4. 양파는 1.5~2cm 크기로 네모나게 썬다. 대파, 고추는 어슷썰고, 마늘은 편썬다.

만들기

1. 뚝배기에 감자, 버섯, 애호박, 양파, 마늘을 넣고 육수(또는 물)를 부어 끓인다.

2. 재료가 어느 정도 익으면 된장, 고추장, 쌈장을 넣어 풀어준 후 해물을 넣어 한소끔 끓인다.

3. 콩나물, 두부를 넣어 잠시 더 끓인다.

4. 고추, 대파를 넣어 섞어준 후 불에서 내린다.

● 해물 대신 쇠고기, 돼지고기를 넣고 끓여도 좋다. 집에서 만든 된장, 고추장, 쌈장의 염도에 따라 넣는 양을 조절한다. 쌈장은 생략해도 된다. 톳 초무침, 감자채볶음을 된장과 함께 밥에 넣고 비벼 먹기 좋은 메뉴이다.

톳 초무침

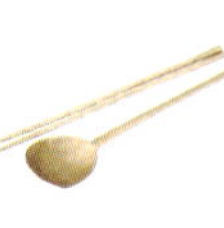

톡톡 터지는 듯한 식감이 좋은 톳을 새콤달콤하게 무쳤어요. 톳은 미네랄과 식이섬유가 풍부한 해조류로 피를 맑게 하고 다이어트와 탈모 예방 그리고 변비 예방 등에 도움을 주는 식품이니 자주 만들어 밥상에 올려보세요.

재료	톳 200g, 무채 100g

양념장	간장 2큰술, 고춧가루 1큰술, 고추장 1/2큰술
	식초 1큰술, 설탕 1큰술, 다진 마늘 1큰술, 다진 파 2큰술
	깨소금 1큰술, 참기름 1큰술

재료준비

1. 생톳은 여러 번 물에 씻어 이물질을 제거한 후 사용한다. 염장톳은 여러 번 씻은 후 잠시 찬물에 담가 염분을 제거하여 사용한다. 말린 톳은 찬물에 30분 정도 담가 불려서 사용한다.

2. 무는 얇게 채썬다.

만들기

1. 끓는 물에 소금을 약간 넣고 톳을 넣어 살짝 데친다. 톳의 색이 초록색으로 선명해지면 바로 건져 찬물에 헹군 후 물기를 제거한다.

2. 톳, 무채에 양념장을 넣어 무친다.

● 양파나 고추, 생굴, 데친 조개 등의 재료와 함께 무쳐도 맛있다.

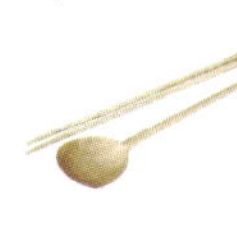

기본 반찬 감자채볶음

감자는 채썰어서 양파와 함께 볶아줘도 좋지만 단호박, 고구마, 피망 등과 함께 볶아도 맛있죠. 익는 정도가 다르기 때문에 넣는 순서를 잘 맞추면 뭉개지지 않고 깔끔하게 만들 수 있어요.

재료 | 감자 2개, 미니 단호박 1/3개, 양파 1개
포도씨오일 3큰술, 소금, 후추 약간씩

재료준비 | 감자, 단호박, 양파를 0.4~0.5cm 두께로 채썬다.

만들기
1. 팬에 포도씨오일을 두르고 감자를 넣어 볶는다.
2. 감자가 어느 정도 익었을 때 단호박, 양파를 넣어 볶는다. 소금, 후추로 간한다.

돼지등갈비 김치찜

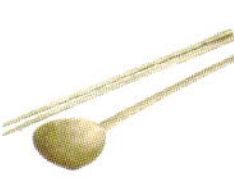

돼지등갈비와 묵은지를 넣고 푹 익힌 김치찜이에요.
등갈비살은 뼈에서 바로 쏙 빠질 정도로 부드럽고
잘 익은 신김치는 입 안에서 살살 녹는 듯해요.
깊고 구수한 국물 맛도 빼놓을 수 없죠.

재료	

김치 1/2포기
등갈비 1대, 돼지 삼겹살 1장, 두부 1/2모
다진 마늘 1큰술, 다진 생강 1작은술
청주 1큰술, 다시마 육수 2컵
참기름 1큰술, 설탕 1작은술, 통깨 1작은술

재료준비

1. 등갈비는 뼈 사이를 자르고, 찬물에 1시간 정도 담가 핏물을 뺀다. 삼겹살은 채썬다. 손질한 등갈비와 삼겹살을 끓는 물에 잠시 데친 후 흐르는 물에 씻어서 불순물과 기름기를 제거한다.
2. 김치는 속을 약간 털어내고 먹기 좋은 길이(8cm 정도)로 썰거나, 통째로 준비한다.

만들기

1. 밑이 두껍고 깊은 냄비에 참기름을 두르고 다진 마늘, 생강을 볶다가 등갈비, 삼겹살, 청주를 넣고 볶는다.
2. 김치를 넣고 볶는다.
3. 김치가 잠길 정도의 육수를 부어 한소끔 끓으면 떠오르는 거품을 제거하고 약불로 줄인 후 뚜껑을 덮어 1시간 정도 김치와 등갈비살이 부드러워지게 푹 익힌다. 김치찜의 간을 확인하고 쓴맛이 약간 돌면 설탕을 넣어준다.
4. 두부는 뜨거운 물에 담가서 데운 후 먹기 좋게 자른다.
5. 등갈비 김치찜, 두부를 그릇에 담고 두부 위에 통깨를 뿌린다.

숙주 깨 소스 무침

재료	숙주 250g
	미나리 100g

깨 소 스	깨 간 것 1큰술, 간장 1큰술
	조청 1/2작은술, 매실청 1/2작은술
	설탕 1/2작은술, 다진 마늘 1/2큰술
	참기름 1/2큰술

만들기

1. 숙주는 끓는 물에 살짝 데쳐 아삭한 맛을 살린다. 찬물에 바로 행군 후 물기를 제거한다.

2. 미나리는 끓는 물에 소금을 약간 넣고 살짝 담갔다 바로 건지는 식으로 데친다. 찬물에 헹구고 물기를 제거한다.

3. 깨소스 재료를 잘 섞은 후 숙주와 미나리에 넣어 무친다.

매생이전

바다 향이 은은하게 퍼지는 매생이와 시원한 굴을 넣어 부친 전이에요. 간단한 재료지만 풍부한 맛과 향으로 입 안을 즐겁게 해줘요.

재료	매생이 200g, 굴 1봉지(150g)
	양파 1/4개, 달걀 1개
	밀가루(또는 부침가루) 3/4컵
	물 3/4컵, 소금 약간

초간장	간장 1큰술, 물 1큰술, 식초 1/2큰술
	고춧가루 1작은술, 깨소금 약간

재료준비

1. 매생이와 굴은 체에 밭쳐 흐르는 물에 씻은 후 물기를 제거한다.
2. 양파는 채썬다.

만들기

1. 매생이를 먹기 좋게 잘라서 그릇에 담고, 양파, 달걀, 밀가루, 물, 소금을 넣어 섞는다.
2. 굴을 넣고 살살 섞어 반죽을 완성한다.
3. 냄비에 기름을 두르고 반죽을 한 수저씩 떠 올려 노릇하게 굽는다.
4. 매생이전을 그릇에 담고 초간장을 곁들인다.

뚝배기 달걀찜

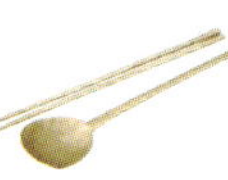

뚝배기 한 가득 부풀어 오른 달걀찜은 만들기 쉬운 밥반찬이지만 늘 환영받는 메뉴예요. 추운 날 몸과 마음을 따뜻하게 해주는 음식이기도 하고 매운 요리와 함께 내면 얼얼한 입맛을 달래주어 인기 최고예요.

재료	달걀 3개, 새우젓 국물 1/2큰술
	소금 1/3작은술, 미림 1큰술
	물 250ml, 다시마 5×5cm 크기 1장
	어슷썬 대파나 송송 썬 쪽파 약간

만들기

1. 달걀에 새우젓 국물, 소금, 미림을 넣어 잘 풀어준다.

2. 뚝배기에 물과 다시마를 넣고 센 불에 올려 끓인다.

3. 물이 끓기 시작하면 다시마를 건져내고 풀어둔 달걀을 붓는다. 젓가락으로 몇 번 휘휘 저어 섞어준 후 10초 정도 센 불에서 끓인다.

4. 불을 중약불로 줄이고 뚜껑을 덮어 3분 정도 끓여 달걀이 부풀어 오르면 어슷썬 대파(또는 송송 썬 쪽파)를 위에 뿌리고 뚜껑을 덮어 1~2분 정도 뜸을 들인다. 바닥이 타지 않도록 불 조절에 유의한다.

● 취향에 따라 명란이나 날치알을 얹어 뜸을 들여도 좋다.

도라지 오이생채

도라지를 가늘게 찢어 새콤달콤하게 무친 반찬이에요.
아삭아삭한 식감과 은은하게 퍼지는 쌉싸름한 향이 입맛을 돌게 하죠.
데친 오징어나 북어채를 넣어 함께 무쳐도 잘 어울려요.

재료
도라지 150g
오이 1/2개
양파 1/2개

양념
고추장 1큰술, 고춧가루 1/2큰술
간장 1/2큰술, 소금 2/3작은술
식초 1/2큰술, 설탕 1/2큰술
조청 1/2큰술, 다진 파 1큰술
다진 마늘 1/2큰술, 깨소금 2/3큰술

만들기

1. 도라지는 껍질을 벗겨 5~6cm 길이로 자르고 얇게 찢은 후 소금으로 주물러 여러 번 헹군다. 찬물에 10분 정도 담가 쓴맛을 우려낸 뒤 물기를 제거한다.

2. 오이는 반을 갈라 씨를 제거하고 어슷썰거나 채썬다. 소금 1/2작은술을 뿌리고 버무려 5~10분 정도 절였다 물기를 꼭 짠다. 양파는 채썬다.

3. 도라지, 오이, 양파를 큰 그릇에 담고 양념을 넣어 조물조물 무친다.

감자조림

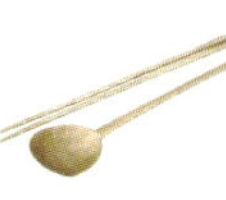

쫀득하게 씹히는 맛을 살린 감자조림이에요.
감자를 물에 담가 전분기를 없애고 기름에 볶아 익힌 후
조림장을 넣고 센 불에서 조려 주면 부서지지 않고
쫀득한 식감의 감자조림이 만들어진답니다.

재료	감자 2개(400g), 양파 1/2개, 마늘 3쪽	조림장	간장 3큰술, 조청 3큰술, 미림 1큰술
	청양고추 2개, 대파 1/2대		다시마 멸치 육수(또는 물) 1/4컵
	포도씨오일 2큰술, 통깨 1작은술		

재료준비

1. 감자는 1.5×1.5cm 크기의 주사위 모양으로 썬다.

2. 양파도 감자와 비슷한 크기로 썬다. 마늘은 편썬다.

3. 청양고추는 씨를 제거하고 1.5cm 길이로 가늘게 채썬다. 대파는 송송 썬다.

만들기

1. 감자를 물에 10분 정도 담가 전분기를 없앤 후 체에 밭쳐 물기를 제거한다.

2. 달군 팬에 포도씨오일을 두르고 감자를 볶아 반투명하게 익으면 양파, 마늘을 넣
   어 볶는다.

3. 양파가 익어 반투명해지면 조림장 재료를 붓고 센 불에서 조린다.

4. 청양고추, 대파, 통깨를 넣어 섞어준 후 불을 끈다.

낙지제육볶음

낙지와 돼지고기를 매콤한 양념으로 볶은 요리예요. 낙지와 돼지고기는 맛과 영양 면에서 서로 보완해주므로 궁합이 잘 맞는 식재료지요. 서로 익는 속도가 다르기 때문에 따로 양념하여 볶아야 맛있어요.

재료	양념
돼지고기(불고기용) 480g	**돼지고기 양념**
낙지 3마리(400g 정도)	고춧가루 2큰술, 고추장 4큰술, 된장 1/2작은술
양파 1개	간장 1큰술, 설탕 2½큰술, 청주 1큰술
표고버섯 3개	다진 마늘 2쪽, 생강즙 1/2작은술
청양고추 2개	깨소금 1큰술, 참기름 1큰술
대파 1대	**낙지 양념**
홍고추 1개	고춧가루 1큰술, 고추장 3큰술, 된장 1/2작은술
미나리 5줄기	간장 1큰술, 설탕 1½큰술, 청주 1큰술
깻잎 6장	다진 마늘 1쪽, 생강즙 1/2작은술
	깨소금 1큰술, 참기름 2/3큰술

재료준비

1. 낙지는 내장을 제거하고 소금 약간과 밀가루를 뿌려 바락바락 주물러준 후 여러 번 헹궈서 이물질을 제거한다. 물기를 제거하고 먹기 좋은 크기로 썬다.
2. 양파는 채썰고, 표고버섯은 모양을 살려 편썬다. 고추, 대파는 어슷썬다. 미나리와 깻잎도 비슷한 길이로 채썬다.

만들기

1. 돼지고기와 낙지는 각각의 양념을 해서 냉장고에 넣어 잠시 재운다.
2. 달군 팬에 기름을 약간 두르고 양파, 표고버섯, 청양고추를 넣고 볶는다.
3. 양념한 돼지고기를 넣어 센 불에서 볶는다.
4. 돼지고기가 거의 다 익었을 때 낙지를 넣어 볶는다. 1분 내로 재빨리 볶아야 질기지 않고 맛있다.
5. 대파, 홍고추, 미나리, 깻잎을 넣어 섞는다.

오이고추쌈장과 쌈

①

②

단맛이 돌고 아삭한 식감이 특징인 오이고추를 된장 양념에 버무렸어요. 그냥 밥 위에 올려 먹어도 맛있고 고기와 쌈 채소로 차린 밥상에는 더할나위 없이 잘 어울리는 쌈장 대용 반찬이에요.

재료
오이 고추 5개
양상추, 양배추, 다시마 등 쌈류

무침 양념
된장(또는 쌈장) 1큰술, 조청 1/2큰술
매실청 1작은술, 다진 마늘 1작은술
참기름 1큰술, 통깨 1큰술

만들기

1. 양배추는 김이 오른 찜기에서 부드럽게 찐다. 염장 다시마는 여러 번 씻고 물에 잠시 담가 염기를 제거한 후 먹기 좋은 크기로 썬다. 그 외 호박잎, 깻잎 등 다른 쌈 종류를 준비해도 된다.

2. 오이고추를 송송 썬 후 무침 양념 재료를 넣어 고소하게 무친다. 쌈에 쌈장을 곁들인다.

오이고추
풋고추보다 2배 이상 크고 신선한 오이의 맛이 느껴지는 맵지 않은 고추다. 아삭거리는 식감에 수분 함량이 높고 단맛이 있어 생으로 무쳐 먹기에 좋다.

방아잎전

(지름 26~28cm 프라이팬 / 2장)

방아잎은 남부지방에서 흔히 볼 수 있는 향초예요. 시원하고 독특한 향 때문에 추어탕이나 해물탕 등에 넣어 비린내를 잡아주죠. 방아잎을 넣어 구운 전은 향긋한 향 때문에 고소하면서도 기름지지 않고 산뜻하답니다.

재료 ｜ 오징어 1마리, 새우살 80g, 방아잎 8줄기
양파 1/3개, 애호박 1/4개, 청양고추 2개
감자 2개(300g 정도), 달걀 1개
밀가루(또는 부침가루) 1컵, 물 175ml
소금(또는 국간장) 1/2작은술, 후추 약간
초간장 간장 1큰술, 매실액 1큰술,
식초 1작은술, 다진 고추, 고춧가루, 통깨 약간씩

재료준비

1. 오징어는 내장을 제거하고 소금 약간과 밀가루를 뿌려 바락바락 주물러준 후 여러 번 헹궈 깨끗하게 씻는다. 잔 칼집을 넣은 후 먹기 좋은 크기로 자른다.
2. 새우는 머리, 껍질, 내장을 제거한다.
3. 방아는 잎만 따서 듬성듬성 썬다. 양파와 호박은 채썰고, 고추는 씨를 제거한 후 채썬다.

만들기

1. 감자 1개는 채썰고, 1개는 강판에 간다.
2. 강판에 간 감자에 달걀, 밀가루, 물, 소금, 후추를 넣고 섞어서 반죽을 만든다. 썰어둔 재료를 넣어 버무리듯이 섞는다.
3. 달군 프라이팬에 기름을 넉넉히 두르고 전을 부친다. 식용유와 들기름을 반씩 섞어 구우면 고소한 맛이 더해져 좋다. 초간장을 곁들여 낸다.

● 감자의 크기에 따라 밀가루, 물의 양을 적당히 조절한다.

방아잎(배초향)

남부지방에서 주로 나는 향초이다. 특유의 향이 있어 추어탕, 매운탕 등의 생선 요리에 넣어 비린내를 잡거나 나물, 쌈, 전 등으로 만들어 먹는다. 더위, 소화촉진, 감기 등에 효과가 있어 약용으로도 사용한다.

재료	닭 1마리(1kg), 전분 2큰술, 감자 1개, 고구마 1개, 당근 1/2개	닭 밑간	청주 1큰술
	양송이버섯 3개, 양파 1/2개, 마늘 3쪽, 오렌지 1/2개		생강즙 1/2큰술
	청주 2큰술, 토마토 페이스트 2큰술, 다진 토마토 3개(500g)		소금, 후추 약간씩
	물 1/2컵(재료가 잠길 정도의 양), 브로콜리 60g, 버터 1큰술		
	포도씨오일(또는 허브오일) 2큰술, 꿀 1/2큰술, 소금, 후추 약간씩		

토마토 닭볶음탕

고추장 대신 토마토로 맛을 낸 닭볶음탕이에요. 매운 음식을 싫어하는 아이들을 위한 요리죠. 오렌지로 향을 더해서 담백하면서도 상큼하고 달콤한 맛이 나요. 빵이나 스파게티, 밥에 곁들이면 잘 어울려요.

재료준비

1. 닭은 먹기 좋게 토막 내어 깨끗하게 씻은 후 물기를 닦는다.

2. 감자, 고구마, 당근은 2~2.5cm 크기로 깍뚝썰기하고, 버섯은 크기에 따라 4~6등분한다. 양파는 다른 재료와 비슷한 크기로 자르고, 마늘은 편썬다. 브로콜리는 송이송이 떼어 놓는다.

3. 오렌지는 껍질을 깨끗하게 씻은 후 큼직하게 4등분한다.

4. 토마토는 껍질과 씨를 제거하고 잘게 다지거나 다져져 있는 캔 제품을 사용한다.

만들기

1. 닭은 청주, 생강즙, 소금, 후추로 밑간한 후 전분을 넣고 버무린다.

2. 팬에 버터 1/2큰술과 오일 1큰술을 두르고 썰어둔 채소(브로콜리 제외)를 넣어 볶는다.

3. 채소를 덜어 놓고, 버터 1/2큰술과 오일 1큰술을 두른 후 닭을 넣어 겉면이 노릇해지게 굽는다. 한 옆에 오렌지를 넣어 함께 굽다가 닭의 겉면이 노릇하게 구워지면 오렌지는 건져낸다.

4. 청주(또는 화이트 와인)를 부어 향을 날린 후 토마토 페이스트를 넣어 볶는다.

5. 살짝 볶아둔 채소를 다시 넣고 다진 토마토, 물(또는 닭 육수)을 재료가 잠길 만큼 붓는다. 소금, 후추로 약하게 간해 30분 정도 재료가 익을 때까지 조린다.

6. 재료가 부드럽게 익었을 때 브로콜리를 넣어주고 꿀, 소금, 후추로 간하여 마무리한다. 닭과 채소를 건져 먹고 남은 소스에 빵을 찍어 먹거나 밥을 비벼 먹으면 맛있다.

토마토 페이스트
토마토를 조려 농축시킨 캔 제품으로 토마토가 들어가는 요리에 농도를 맞추거나 색을 낼 때 사용한다.

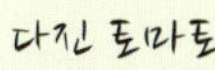

다진 토마토
이탈리아의 길쭉한 토마토를 껍질과 씨를 제거하여 다져 놓은 캔 제품이다. 빨갛게 잘 익은 토마토의 껍질과 씨를 제거하고 다져서 사용해도 된다.

파프리카 피클

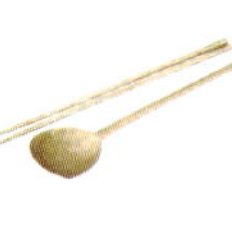

새콤달콤하고 비타민이 풍부한 파프리카 피클이에요.
금방 맛이 들기 때문에 하루 정도 숙성시켜서 바로 먹을 수 있어요.
물러지기 쉬우니 2~3주 내로 모두 먹는 게 좋아요.

재료	파프리카 색깔별로 1/2개씩
	(빨강, 노랑, 오렌지, 녹색)
	무 80g
	양파 1/2개, 비트 약간

피클액	피클링 스파이스 1작은술
	생강 1톨
	레몬 1/2개
	물 1컵
	식초 60ml
	설탕 60g
	소금 2작은술

만들기

1. 파프리카, 양파, 무, 비트를 2×2cm 크기로 네모나게 썬다.

2. 피클액 재료를 냄비에 담아 5분 정도 끓인다.

3. 소독한 유리병에 파프리카, 양파, 무, 비트를 담고 끓인 피클액을 바로 부어준다.
   뚜껑을 닫고 냉장고에 넣어 하루 정도 두었다 먹는다.

허브오일 만들기

바질, 로즈마리 등의 허브를 올리브오일에 담가 향을 우려낸 오일로 고기, 해물 요리나 파스타 등을 만들 때 사용한다. 또 샐러드 드레싱, 소스 등에 일반 오일 대신 사용하여 향을 더할 수 있다. 2개월 정도 사용 가능하다.

재료

올리브오일 1⅓컵

바질, 로즈마리, 타임 등 허브 2~3줄기

통후추 15알

만들기

1. 허브는 씻은 후 물기를 깨끗이 닦아 건조시킨다.
2. 소독한 유리병에 허브를 담고 올리브오일을 붓는다. 오일에 매콤함을 더하고 싶을 때는 마른 고추와 마늘 약간을 함께 넣어준다. 뚜껑을 닫아 실온에서 1~2주간 두어 향이 우러나면 오일만 걸러 쓴다.

피클링 스파이스

회향, 겨자, 코리앤더 등이 들어간 피클용 향신료이다. 백화점이나 대형마트의 외국 식자재 코너에서 구입 가능하다. 없을 때는 정향 2개, 계피 1/2개, 통후추 10알, 월계수잎 1개를 대신 넣어준다.

오리불고기

불포화지방산이 풍부하고 해독작용과 피부미용 등에 효과가 있으며 건강 보양식으로 잘 알려진 오리고기에 고추장 불고기 양념을 하여 매콤달콤하게 구웠어요. 선홍빛이 선명하고 탄력이 있는 생고기를 구입하여 여분의 지방을 제거하고 부추, 깻잎, 들깨가루 등을 넣어 함께 조리하면 오리 특유의 냄새 없이 맛있게 만들 수 있어요.

재료	
오리고기 500g	
양파 1개, 표고버섯 3장	
청양고추 2개, 대파 1대, 홍고추 1개	
실부추나 미나리 50g, 깻잎 6장	
들깨가루 2큰술	

양념 고추장 4큰술, 고춧가루 2큰술
된장 1/2작은술, 간장 1큰술
설탕 2½큰술, 청주 1큰술
다진 파 2큰술, 다진 마늘 1큰술
생강즙 1작은술, 깨소금 1큰술
참기름 1큰술, 후추 약간

재료준비

1. 양파는 채썰고, 표고버섯은 편썬다. 청양고추와 홍고추는 반으로 갈라 씨를 제거한 후 채썬다.
2. 대파는 어슷썰고, 부추와 미나리는 5cm 길이로 자른다. 깻잎은 채썬다.

만들기

1. 오리고기는 양념에 버무려 잠시 재운다.
2. 팬을 센 불로 달군 후 오일을 약간 두르고 양파, 표고버섯, 청양고추를 넣어 볶는다.
3. 양념한 오리고기를 넣어 볶는다.
4. 고기가 다 익었을 때 대파, 실부추나 미나리, 깻잎, 홍고추를 넣어 잠시 더 볶는다.
5. 들깨가루를 넣어 마무리한다.

별미 요리

오리불고기 볶음밥

고기를 먹고 남은 양념에 밥과 다진 채소, 달걀, 김가루 등을 넣어 바닥에 누룽지가 살짝 생기게 지글지글 볶아요. 고기로 두둑하니 배가 불러도 놓칠 수 없는 맛이지요.

재료	밥 2공기, 양파 20g, 당근 20g, 부추(또는 쪽파) 30g
	깻잎 3장, 달걀 1~2개, 구운 김 1장, 통깨 2큰술
	참기름 2큰술, 오리불고기 남은 양념 적당량

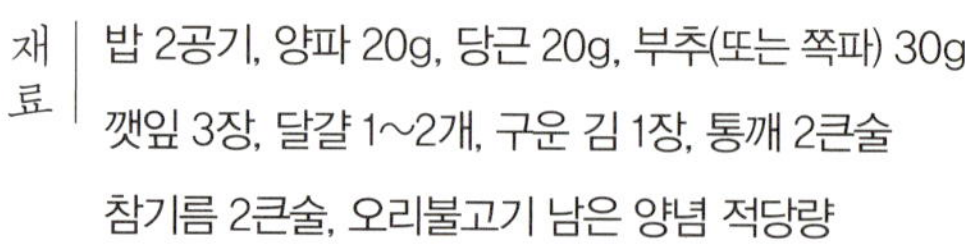

재료준비	1. 양파, 당근, 부추, 깻잎은 잘게 다진다.
	2. 구운 김은 비닐봉지에 담아 잘게 부숴 김가루를 만든다.

만들기	1. 오리불고기를 먹고 남은 양념에 밥을 넣어 볶는다.
	2. 다진 채소와 달걀을 넣어 볶는다.
	3. 김가루, 통깨, 참기름을 넣어 섞고 소금, 후추로 간해 마무리한다.

도토리묵 무침

묵은 포만감을 주며 노폐물 배출을 돕는 저칼로리 다이어트 식품으로 묵에 상큼한 채소를 넣어 담백하게 무치면 손꼽히죠. 무거운 고기 요리에 잘 어울려요.

재료	도토리묵 1모(400g)
	적양파 1/3개, 속배추 3장(또는 양상추 5장)
	오이 1/2개, 깻잎 5장, 실부추 20g, 쑥갓 2줄기

양념	고춧가루 1/2큰술
	국간장(또는 액젓) 1큰술
	설탕 1작은술, 참기름 1큰술
	깨소금 1큰술, 소금, 후추 약간씩

재료준비

1. 적양파와 속배추, 깻잎은 채썬다.
2. 오이는 반달썰기하고, 부추와 쑥갓은 5cm 길이로 썬다.

만들기

1. 도토리묵을 묵칼로 먹기 좋게 썬다.
2. 양념을 잘 섞어 준비한다.
3. 양념 1½큰술을 채소에 넣어 살살 버무린다.
4. 묵과 양념에 버무린 채소를 그릇에 담고, 묵 위에 남은 양념을 끼얹는다.

- 당근, 미나리, 고추 등의 다른 채소를 넣어 무쳐도 되고, 국간장 대신 간장을 2큰술 넣어 양념을 만들어도 된다.
- 채소를 따로 버무린 후 묵과 함께 담으면 좀 더 얌전히 담아 낼 수 있어 보기에 좋다. 채소와 묵을 한꺼번에 양념에 버무려 담아도 된다.

떡갈비

갈비살을 다져서 양념한 후 찰지게 치대어 네모나게 빚어서 석쇠나 그릴에 구운 요리예요. 육즙이 촉촉하고 식감이 부드러우며 숯불 향이 은은하게 퍼지는 고급스러운 요리지요.

재료
쇠고기 갈비살 500g
호두 5개
찹쌀가루 1큰술
잣가루 약간

양념
간장 2큰술, 설탕 1큰술, 꿀 1큰술
배 간 것 1/4개, 다진 양파 2큰술
다진 파 2큰술, 다진 마늘 1큰술
청주 1큰술, 참기름 1큰술
깨소금 2작은술, 소금 1/2작은술
후추가루 약간
덧바를 양념
간장 1/2큰술, 꿀 1큰술, 배즙 2큰술
양파즙 1/2큰술, 청주 1작은술
참기름 1작은술

만들기

1. 갈비살을 잘게 다지거나 푸드 프로세서에 넣고 갈아준 후 양념 재료와 잘 섞어 끈기가 생기게 치댄다.

2. 다진 호두, 찹쌀가루를 넣어 섞는다.

3. 양념한 갈비살을 둥글납작하게 또는 네모나게 빚은 후 달군 팬에 기름을 약간 두르고 노릇하게 굽는다. 또는 석쇠 위에 올려 숯불 향이 나도록 굽는다.

4. 덧바를 양념을 소스 농도로 잠시 조린 후 떡갈비 겉면에 붓으로 발라준다. 떡갈비를 그릇에 담고 잣가루를 뿌린다.

부추 무침

향긋한 부추의 맛을 제대로 느낄 수 있는 무침이에요.
밥 위에 듬뿍 올려 비벼 먹어도 맛있고
고기 요리에 곁들여도 잘 어울려요.

재료	
실부추 100g	
대파 1대, 양파 1/2개	
배 1/4개, 깻잎 6장	
비트 약간	

무침 양념

간장 1큰술, 국간장 1작은술
고춧가루 1/2큰술, 식초 1/2큰술
매실청 1큰술, 설탕 2작은술
다진 마늘 1/2큰술
참기름 1큰술, 깨소금 1큰술

재료준비

모든 재료는 5~6cm 길이로 채썬다.

만들기

1. 채썬 양파, 대파, 비트는 찬물에 담갔다가 물기를 제거한다.
2. 준비한 재료에 무침 양념을 넣어 살살 무친다. 먹기 직전에 무친다.

가래떡찜과 버섯구이

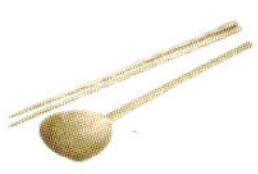

간장 양념에 달콤짭조름하게 조린 가래떡찜과 노릇하게 구운 버섯은 떡갈비와 참 잘 어울려요. 가래떡찜은 식으면 식감이 단단해지므로 먹기 직전에 따뜻하게 준비해주세요.

재료	가래떡 12개, 참기름 1작은술, 표고버섯 4장 새송이버섯 2개, 양파 1/2개, 파프리카 1개 소금, 후추 약간씩

떡 조림 양념	간장 2작은술
	조청 1큰술
	다진 마늘 1/2작은술
	육수 1/2컵

재료준비

1. 버섯은 모양을 살려 편썬다.

2. 양파는 동그랗게 링 모양을 살려 썰거나 3cm 크기로 네모나게 썬다.

3. 파프리카는 색깔별로 소금씩 준비해서 3cm 크기로 네모나게 썬다.

만들기

1. 가래떡은 끓는 물에 살짝 데쳐 부드럽게 한 후 물기를 제거하고 참기름에 버무린다.

2. 떡조림 양념을 냄비에 담아 끓기 시작하면 떡을 넣어 양념이 배도록 조린다.

3. 프라이팬을 달군 후 오일을 약간 두르고 버섯, 양파, 파프리카를 센 불에서 노릇하게 굽는다. 소금, 후추를 뿌려 간한다.

4. 그릇에 가래떡찜과 버섯구이를 담고, 잣가루나 깨소금을 뿌린다.

마늘 양념 닭구이

기름기를 쏙 뺀 담백한 닭구이를 구수한 마늘볶음 양념에 버무린 요리예요. 겉은 바삭바삭하지만 속은 촉촉하고 부드러운 닭고기와 잘 볶아져 고소하고 단맛 도는 마늘 양념이 환상의 궁합을 이룬답니다.

재료	닭 1마리(또는 닭다리 10개, 1kg 정도)
	마늘 3통, 대파 1/2대, 전분 2~3큰술
	포도씨오일 1큰술, 간장 1/2큰술
	꿀 1큰술, 참기름 1/2큰술, 깻잎 2~3장
	소금, 후추 약간씩

닭고기 재움 양념	굴소스 2큰술, 일본미소 1작은술
	황설탕 1큰술, 청주 1큰술
	미림 1큰술, 다진 마늘 1작은술
	생강즙 1작은술, 고춧가루 1작은술
	카레가루 1/2작은술
	로즈마리, 타임 등의 허브, 후추 약간씩

재료준비

1. 닭은 닭볶음탕용으로 잘라놓은 것을 구입하거나 닭다리를 준비한다. 여분의 지방을 제거하고, 깨끗이 씻은 후 물기 없이 닦는다.
2. 깻잎은 다진다.

만들기

1. 닭고기 재움 양념 재료를 잘 섞은 후 닭고기에 넣고 버무려 간이 배도록 30분 정도 재운다.
2. 마늘은 입자가 있게 다지고, 대파는 어슷썰어서 찬물에 담가둔다.
3. 닭고기에 전분을 묻힌 후 180℃로 가열한 기름에 튀겨 익히거나 200℃로 예열한 오븐에서 20분 정도 구워 익힌다. 오븐에서 익힐 때는 15분 지난 후 한 번 뒤집어준다.
4. 팬에 오일을 두르고 물기를 완전히 제거한 마늘, 대파를 넣어 볶는다. 약간 씹히는 감이 살 수 있도록 3~4분 정도 볶아주다가 간장, 꿀, 참기름, 소금, 후추로 간한다.
5. 익힌 닭을 4의 마늘 양념에 넣어 볶듯이 섞어준다.
6. 닭을 그릇에 담고 다진 깻잎을 뿌린다.

양파 초절임

양파를 절임액에 담가 새콤달콤하게 만든 음식이에요. 각종 고기 요리에 곁들여 먹으면 상큼하고 개운하죠. 샌드위치에 피클 대신 넣어 줘도 좋아요.

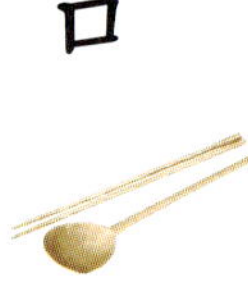

재료	양파 1개(200g 정도) 레몬 3조각	초절임액	식초 2큰술 설탕 2큰술 소금 1/2작은술

만들기

1. 양파는 링 모양을 살려 0.2~0.3cm 두께로 썬다. 적양파와 반씩 섞어 썰어 주면 보기에 좋다.

2. 0.3cm 두께로 둥글게 썬 레몬을 3조각으로 나누어 썰고, 초절임액 재료와 섞어준다.

3. 양파에 초절임액을 부어 뒤적여준 후 냉장고에 넣어 2~3시간 정도 절인다. 골고루 절여지도록 중간에 한 번 뒤섞어준다. 하루 전날 미리 만들어두면 맛이 잘 배어서 더 맛있게 먹을 수 있다.

과일 깍두기

사과, 배, 단감 등 단단하고 단맛 도는 과일을
깍두기 양념으로 무친 즉석 김치예요. 담백한 고기 요리에
상큼하고 개운한 샐러드처럼 곁들여도 좋고
고소한 볶음밥에 매콤하고 시원하게 김치 대신 곁들여도 잘 어울려요.

재료	
사과 1/2개, 배 1/2개, 단감 1개	
녹색 토마토 1/2개 등 단단한 과일 550~600g 정도	
쪽파 5줄기, 통깨 1/2큰술	

양념
고춧가루 1큰술, 홍고추 2개
다진 마늘 1큰술, 생강즙 1작은술
액젓 1작은술, 매실청 1작은술
설탕 1작은술, 천일염 1/4작은술

재료준비

1. 홍고추는 반으로 갈라 잘게 채썰거나 다진다.
2. 쪽파는 씻어서 물기를 닦고 2~2.5cm 길이로 썬다.

만들기

1. 고춧가루를 제외한 양념 재료를 믹서에 넣고 곱게 간 후 고춧가루를 넣어 섞는다.
2. 사과, 배, 단감, 단단한 녹색 토마토는 깍두기 모양의 먹기 좋은 크기로 썬다.
3. 과일에 깍두기 양념을 넣어 버무린 후 쪽파, 통깨를 넣어 살짝 섞는다. 바로 먹거
   나, 냉장고에 넣어 차게 해서 먹는다.

황태구이

황태를 양념에 재워 하루 동안 숙성시킨 후 노릇하게 구운 요리예요. 매콤하고 구수한 양념이 촉촉하게 잘 배어 부드럽고 찹쌀가루를 묻혀 구워서 쫀득쫀득 씹히는 맛이 좋아요.

재료	양념장
황태 2마리	고추장 2큰술, 고춧가루 2큰술
찹쌀가루 2~3큰술, 들기름 2큰술	간장 1큰술, 된장 1/2큰술
포도씨오일 2큰술, 송송 썬 쪽파 6줄기	설탕 2큰술, 다진 파 2큰술
통깨 약간	다진 마늘 1큰술, 꿀 1큰술
	양파즙 4큰술, 배즙 4큰술
	참기름 1큰술, 깨소금 1큰술

재료준비

황태는 반으로 갈라 뼈가 제거된 것으로 구입하여 머리, 지느러미, 잔가시를 제거하고 껍질 쪽에 잔 칼집을 넣어준다. 껍질이 제거된 것을 구입해도 좋다.

만들기

1. 황태는 먹기 좋은 길이로 3~4등분한 후 흐르는 물에 씻어서 30분 정도 불린다.

2. 양념장을 잘 섞어 황태에 골고루 발라준 후 냉장고에 넣고 하룻밤 정도 숙성시킨다.

3. 황태에 찹쌀가루를 솔솔 뿌려 묻힌다.

4. 팬을 중불로 달군 후 들기름, 포도씨오일을 넉넉히 두르고 황태살 쪽부터 노릇하게 굽는다.

5. 접시에 황태구이를 담고 송송 썬 쪽파, 통깨(또는 잣가루)를 뿌린다.

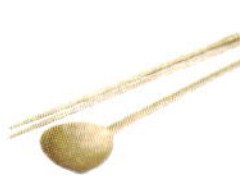

청포묵 무침

고소하게 볶은 쇠고기와 버섯, 채소를 보들보들한 청포묵과 함께 무친 담백한 음식이에요. 초간장으로 상큼하게 무쳐도 좋고 참기름과 깨소금으로 고소한 맛을 살려 무쳐도 맛있답니다. 개성 채나물과 함께 만들어 두 가지 음식을 섞어 먹어도 참 맛있어요.

재료	청포묵 1모, 오이 1/2개, 쇠고기 50g 표고버섯 1장, 숙주 30g, 김가루 1/3장

양념 **청포묵 양념** 참기름 2큰술, 깨소금 1큰술, 소금 1/3작은술 **오이 양념** 참기름 1/4작은술, 소금 약간 **쇠고기, 표고버섯 양념** 간장 1/2큰술, 설탕 1작은술, 다진 파 1/2큰술, 다진 마늘 1작은술, 참기름 1작은술, 깨소금 1작은술, 후추 약간 **숙주 양념** 다진 파 1/2작은술, 다진 마늘 1/2작은술, 참기름 1/2작은술, 소금 약간

재료준비

1. 청포묵, 쇠고기, 표고버섯은 6cm 길이로 얇게 채썬다.

2. 오이는 껍질을 돌려깎기하여 6cm 길이로 채썬다.

3. 숙주는 깨끗이 씻어 물기를 제거한다.

만들기

1. 청포묵은 끓는 물에 살짝 데친 후 건져서 청포묵 양념에 무친다.

2. 오이는 소금을 약간 뿌려 5~10분 정도 절였다가 물기를 짠다. 참기름을 넣어 조물조물 무친 후 녹색이 선명해지도록 팬에 살짝 볶는다.

3. 쇠고기, 표고버섯은 양념을 넣고 조물조물 무친 후 달군 팬에서 볶아 식힌다.

4. 숙주는 끓는 물에 데치고 물기를 제거한 후 양념을 넣어 무친다.

5. 준비한 재료를 한 그릇에 담아 잘 섞어준다. 모자란 간은 소금, 후추로 한다.

기본 반찬

개성 채나물

무, 숙주, 미나리, 곶감을 새콤달콤하게 무친 채나물이에요.

개성 지방의 잔칫상에 빠지지 않는 대표적인 음식이지요.

특별하고 맛이 좋아서 손님상에도 잘 어울려요.

재료 | 무 150g, 숙주 100g, 미나리 50g 곶감 1개, 깨소금 1작은술 소금, 후추 약간씩

양념 | **무 양념** 소금 1/2작은술, 다진 마늘 1작은술, 참기름 1/2큰술, 포도씨오일 1/2큰술, 고춧가루 1½큰술, 식초 2큰술, 설탕 1½큰술 **숙주, 미나리 양념** 다진 마늘 1/2작은술, 참기름 1/2큰술, 소금 1/3작은술

재료준비

1. 무는 5~6cm 길이로 가늘게 채썬다.
2. 미나리는 줄기만 다듬어 5~6cm 길이로 자른다. 숙주도 비슷한 길이로 다듬는다.
3. 곶감은 씨를 제거한 후 비슷한 길이로 채썬다.

만들기

1. 무는 소금 1/2작은술을 넣고 버무려 10~15분간 절였다가 물기를 짠 후 다진 마늘, 참기름, 포도씨오일을 넣고 버무린다. 달군 팬에 무를 넣어 30초 정도 아삭한 맛을 살려 볶는다.
2. 볶은 무를 펼쳐서 식힌 후 고춧가루, 식초, 설탕을 넣고 버무려서 냉장고에 차갑게 넣어둔다.
3. 숙주와 미나리는 끓는 물에 소금 약간을 넣고 살짝 넣었다 바로 건지는 식으로 데친 후 넓은 그릇에 펼쳐 재빨리 식힌다. 다진 마늘, 참기름, 소금을 넣고 무친다.
4. 큰 그릇에 무, 숙주, 미나리, 곶감을 넣어 살살 버무린다. 부족한 간은 소금과 후추로 한다. 그릇에 담고 깨소금을 뿌린다.

<table>
<tr><td rowspan="6">재
료</td><td>오징어 2마리, 밀가루 약간</td></tr>
<tr><td>오징어순대 속재료</td></tr>
<tr><td>두부 1/2모, 쇠고기 50g, 표고버섯 1장, 숙주 50g</td></tr>
<tr><td>당면 20g, 양파 1/2개, 당근 15g, 미나리 10g</td></tr>
<tr><td>부추 10g, 깻잎 3장, 마늘 1큰술, 대파(또는 쪽파) 1큰술</td></tr>
<tr><td>청양고추 1~2개, 홍고추 1개, 달걀 1/2개, 찬밥 1/3공기</td></tr>
</table>

참기름 1/2큰술, 통깨 1큰술, 소금 1작은술, 후추 약간

<table>
<tr><td rowspan="5">밑
간
양
념</td><td rowspan="5">고
기
·
표
고
버
섯</td><td>간장 1작은술</td></tr>
<tr><td>설탕 1/2작은술</td></tr>
<tr><td>청주 1/2작은술</td></tr>
<tr><td>참기름 1/2작은술</td></tr>
<tr><td>후추 약간</td></tr>
</table>

오징어순대

오징어순대+깻잎찜+무생채

각종 재료를 잘게 다지고 양념하여 오징어 몸통에 채워 넣고 찜통에서 찐 음식이에요. 그대로 썰어서 양념장에 찍어 먹어도 맛있지만 달걀옷을 입혀서 고소하게 지져 전으로 만들어 먹어도 맛있어요.

재료준비

1. 오징어는 내장을 제거하고 밀가루, 소금 약간을 뿌려 박박 문질러준 후 깨끗이 씻고 물기를 닦는다. 오징어다리는 잘게 다진다.

2. 속 재료인 쇠고기와 채소는 잘게 다진다. 고추는 씨를 제거하고 잘게 다진다.

3. 당면은 물에 담가 불린다.

만들기

1. 두부는 면보에 싸서 물기를 짠 후 으깨거나 체에 내려 곱게 준비한다.

2. 잘게 다진 쇠고기, 표고버섯은 밑간 양념을 하여 조물조물 버무린다.

3. 숙주와 불린 당면은 끓는 물에 넣어 데친 후 찬물에 헹궈주고, 잘게 다진다.

4. 다진 오징어다리와 속 재료를 잘 섞는다.

5. 오징어 몸통 속에 밀가루를 약간 넣고 흔들어 묻히고, 여분의 밀가루를 털어낸 후 속 재료를 70~80% 정도 채운다. 끝 부분을 이쑤시개로 고정한다. 오징어 몸통 몇 군데를 이쑤시개로 찔러주면 찔 때 터지지 않는다.

6. 김이 충분히 오른 찜기에 면보를 깔고 오징어순대를 담아 20분 정도 찐다.

7. 식힌 후 먹기 좋게 썬다. 초간장이나 초고추장을 곁들여 낸다.

오징어순대를 썰어서 달걀옷을 입혀 구우면 고소한 맛이 더해져 술안주나 도시락 반찬으로 좋다.

무생채

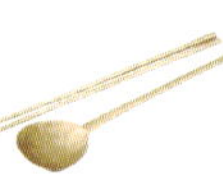

새콤달콤한 양념에 아삭한 맛을 살린 무채 무침이에요. 비빔밥을 만들 때 넣어 주면 매콤하고 상큼한 맛을 더해 입맛을 돋워주죠. 수육 같은 고기 요리에도 잘 어울려요.

재료	무 250g, 쪽파 또는 부추 5~6줄기

양념	고춧가루 1큰술, 다진 파 1작은술
	다진 마늘 1쪽, 식초 1½큰술
	설탕 1½큰술, 매실청 1/2큰술
	액젓 1/2큰술, 깨소금 1작은술, 소금 1/3작은술

재료준비

1. 무는 6cm 정도의 길이로 채썬다.
2. 쪽파(또는 부추)도 비슷한 길이로 썬다.

만들기

1. 무, 쪽파에 양념을 넣어 무친다.
2. 밀폐용기에 담아 맛이 배도록 냉장고에 넣어뒀다가 꺼내 먹으면 더 맛있다.

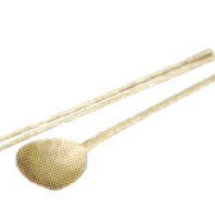

깻잎찜

기본 반찬

향긋한 깻잎에 양념을 뿌려 찐 즉석 반찬이에요. 멸치를 넣어 같이 조리면 구수한 맛이 더해져 맛있답니다. 밥에 올려 감싸 먹으면 밥도둑이 따로 없어요.

| 재료 | 깻잎 40장, 잔멸치 15g
양파 1/5개, 멸치 다시마 육수 1/2컵 |

| 조림장 | 간장 2큰술, 국간장 1/2큰술
액젓 1/2큰술, 조청 1½큰술
미림 1/2큰술, 고춧가루 1큰술
청양고추 1개, 홍고추 1/2개, 마늘 3쪽 |

재료준비

1. 깻잎은 한 장 한 장 깨끗하게 씻은 후 물기를 제거한다.

2. 양파는 채썰고, 고추는 어슷썰고, 마늘은 편썬다.

만들기

1. 조림장 재료를 섞는다.

2. 냄비에 잔멸치를 넣어 잠시 볶으면서 비린내를 날린 후 덜어낸다.

3. 냄비에 깻잎을 3장씩 겹쳐 담고 그 위에 볶은 멸치 약간, 양파 약간, 조림장 1큰술씩 끼얹어 담기를 반복한다. 가장자리에 멸치 다시마 육수를 1/2컵 붓는다.

4. 뚜껑을 덮어 불에 올리고 한소끔 끓으면 중불 이하로 줄인 후 5분 정도 찐다. 깻잎에 양념이 잘 배도록 중간에 뚜껑을 열어 양념 국물을 골고루 끼얹어준다.

꿀 카레

집에서 후다닥 손쉽게 만들 수 있는 메뉴 중 하나가 카레죠. 새우나 시금치 등 재료를 바꿔 가며 매번 다른 맛의 카레를 만드는 편인데요 고춧가루로 카레 특유의 매운 맛을 살리고 마지막에 꿀로 마무리해 단맛을 더해 봤어요. 달콤함이 별미인 고구마밥과 잘 어울려요.

재료	돼지고기 200g, 감자 1개, 당근 1/3개
	양파 2개, 마늘 2쪽, 고운 고춧가루 1/2큰술
	닭 육수(또는 물) 2컵
	일본식 인스턴트 고형 카레(매운맛) 2쪽(60g)
	꿀 2/3큰술, 오일 2큰술, 소금, 후추 약간씩

재료준비

1. 돼지고기와 채소는 1~1.5cm 크기로 깍뚝썰기한다.
2. 마늘은 잘게 다진다.

만들기

1. 냄비에 오일을 두르고 양파를 넣어 5분 이상 노릇하게 볶는다.
2. 나머지 채소를 넣어 볶다가 돼지고기를 넣어 볶는다.
3. 고춧가루를 넣어 볶는다.
4. 육수를 부어 재료가 부드럽게 익도록 15분 정도 끓인다.
5. 고형 카레를 넣어 녹이면서 섞은 후 소금, 후추, 꿀을 넣어 마무리한다. 꿀은 향이 없는 아카시아 꿀이 적당하다. 고구마밥 위에 카레를 얹어 내고 달걀 프라이, 양배추 김치를 곁들인다.

고형 카레
큐브 형태로 된 카레이다. 가루 카레처럼 물에 갤 필요 없이 넣으면 바로 녹는 제품이라 사용이 간편하다.

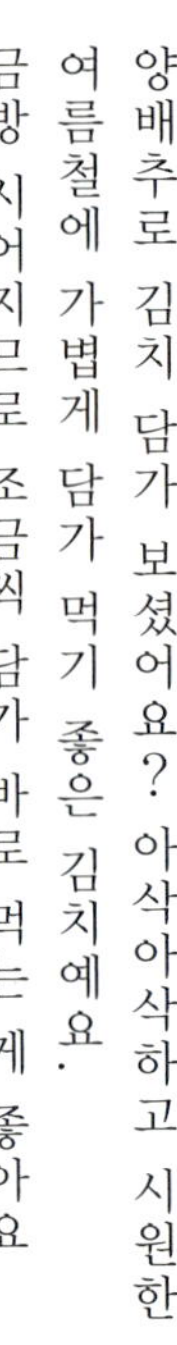

재료	양배추 400g, 오이 1개, 양파 1/2개	양념	고춧가루 4큰술, 새우젓 다진 것 1큰술
	실부추 50g		액젓 1큰술, 배즙 3큰술
	절임물		매실청 1큰술, 마늘 간 것 1큰술
	물 3컵, 굵은 소금 3큰술		생강 간 것 1/2큰술

만들기

1. 양배추는 한 장씩 떼어내 4×4cm 크기로 썰고, 오이는 길이로 4등분한 후 가운데 씨를 제거하고 2.5~3cm 길이로 썬다. 절임물에 담가 1시간 정도 절인다. 중간에 한 번 뒤집어준다.

2. 절인 양배추, 오이는 두 번 정도 헹궈 물기를 제거한다. 양파, 실부추와 함께 양념 재료를 넣어 무친다.

3. 밀폐용기에 담아 하루 정도 실온에서 숙성시킨 후 냉장보관하여 먹는다.

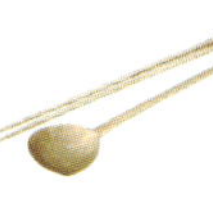

고구마밥

별미요리

달콤한 고구마를 넣어 지은 밥이에요. 예전엔 밥 양을 늘리기 위해 고구마나 감자 등을 넣어 밥을 지었다지만 요즘은 가끔 만들게 되는 별미죠. 카레나 자장을 부어 비벼 먹어도 맛있고 매콤한 김치찜이나 생선조림 등의 반찬과도 잘 어울려요.

재료 | 쌀 2컵, 고구마 3개(300g)
물(또는 다시마 육수) 1¾컵

만들기
1. 쌀은 깨끗이 씻은 후 물에 담가 30분 정도 불린다.
2. 1cm 크기로 깍뚝썰기한 고구마와 불린 쌀, 물을 냄비에 담고 뚜껑을 덮어 밥을 짓는다.
3. 센 불에서 한소끔 끓어오르면 중불 이하로 줄여 물기가 자작해지도록 10분 정도 익힌 후, 약불로 줄여 5분 정도 뜸들인다.

밥이 맛있어지는
특선 비빔장

만들어두면 든든해지는 밥도둑, 비빔장을 만들어볼까요?

다른 반찬 없이도 밥 한 그릇 뚝딱이에요. 반찬 없는 날 밥에 올려 쓱쓱 비벼 먹어도 꿀맛이고,

쌈밥 먹는 날 쌈장으로 활용해도 잘 어울리는 비밀스런 비빔장 몇 가지를 소개할게요.

[약고추장]

쇠고기를 넣어 볶은 고추장이다. 고급스런 비빔장으로 선물하기에 좋다.

재료 다진 쇠고기 100g, 고추장 1컵, 배 1/4개

잣, 통깨, 참기름, 꿀 1큰술씩

고기 양념 간장 1큰술, 설탕 1/2큰술, 다진 파 1큰술, 다진 마늘 1/2큰술, 청주 1/2큰술, 참기름 1작은술, 후추 약간

만들기

1. 쇠고기를 양념하여 달군 팬에서 볶는다.
2. 강판에 간 배와 고추장을 넣어 조린다. 고추장을 1~2큰술 줄이는 대신 된장을 그만큼 넣어 조리면 칼칼한 맛에 구수한 맛을 더할 수 있다.
3. 잣, 통깨, 참기름, 꿀을 넣어 섞은 후 소독한 유리병에 담아 냉장보관한다.

[해물두루치기 비빔장]

바지락 등의 해물을 넣고 만들어 구수하면서도 감칠맛이 나는 비빔장이다.

재료 바지락살(또는 꼬막, 오징어 등 해물) 100g, 양파 1/3개

대파 2큰술, 마늘 2쪽, 표고버섯 1개, 애호박 1/4개, 부추 30g

깻잎 4장, 참기름 1큰술, 깨소금 1/2큰술

양념장 고추장 2큰술, 고춧가루 1큰술, 간장 1큰술, 설탕 1큰술

청주(또는 생강술) 1큰술, 멸치 다시마 육수 1/4컵

만들기

1. 바지락은 해감한 후 까서 살만 발라내거나 끓는 물에 청주를 넣고 살짝 데쳐서 살을 발라 놓는다. 또는 바지락살만 발라놓은 제품을 구입한다.
2. 마늘은 다지고, 나머지 채소는 모두 잘게 썬다.
3. 팬에 오일을 약간 두르고 양파, 대파, 마늘, 버섯, 애호박을 넣어 볶다가 바지락, 부추, 깻잎을 넣어 살짝 볶는다. 양념장을 넣어 조리듯이 볶은 후 참기름, 깨소금을 넣고 섞어 마무리한다.

[두부들깨 비빔장]

두부와 들깨로 만든 구수하면서도 부드러운 비빔장이다.

재료 부침두부 1모, 양파 1/4개, 표고버섯 1개, 애호박 1/5개
청양고추 1개, 멸치 다시마 육수 1/2컵

양념 된장 2작은술, 고춧가루 1작은술, 고추장 1작은술, 간장 2/3작은술
국간장 1/3작은술, 꿀 1작은술, 다진 파 2큰술, 다진 마늘 1/2큰술
들깨가루 1큰술, 깨소금 1/2큰술, 들기름 1큰술, 멸치 다시마 육수 2큰술

만들기

1. 두부는 물기를 제거하고, 손으로 뚝뚝 잘라서 냄비에 담는다.

2. 양념 재료를 잘 섞어 2/3 분량을 두부 위에 고루 뿌린다.

3. 채썬 양파, 모양을 살려 편썬 버섯, 반달썰기한 애호박, 송송 썬 고추를 양념 위에 골고루 올려 담고 남은 양념을 그 위에 뿌린다. 육수를 양념 그릇에 부어 그릇에 묻은 양념과 잘 섞은 후 냄비 가장자리로 붓는다.

4. 불에 올려 한소끔 끓으면 중불 이하로 줄여 국물이 자작해지도록 조린다.

[게살 비빔장]

게살과 두부, 무 등을 넣고 매콤달콤하게 무친 비빔장으로, 알이 꽉 찬 암꽃게로 만들면 맛있다.

재료 암꽃게 2마리, 무 1/4개, 양파 1/2개, 두부 1/2모
밤 6개, 깻잎 10장, 천일염 2/3큰술

양념 건고추 6개, 고춧가루 2½큰술, 간장 1큰술, 액젓 2큰술
설탕 1큰술, 꿀 1/2큰술, 식초 1큰술, 배 1/4개, 마늘 4개, 생강 1쪽
참기름 2큰술, 통깨 2큰술, 소금 1/2큰술

만들기

1. 건고추, 배, 마늘, 생강을 믹서에 간 후 나머지 양념 재료와 섞는다.

2. 무와 양파는 1~1.5cm 크기로 얄팍하게 썰고 천일염을 뿌려 30분간 절인 후 면보에 싸서 물기를 꽉 짠다. 두부도 면보에 싸서 물기를 꼭 짠 후 으깨고, 밤은 얄팍하게 썬다. 깻잎은 채썬다.

3. 깨끗하게 손질한 꽃게를 반으로 잘라 살만 눌러 짠 후 그릇에 담고 나머지 재료와 양념을 넣어 버무린다. 하루 정도 냉장고에 숙성시키면 더 맛있다.

[자장 비빔장]

돼지고기를 넣어 춘장과 고추장으로 만든 비빔장이다. 중국식 달걀 볶음밥 위에 올려주면 아이들도 맛있게 비벼 먹는다.

재료 | 돼지고기 100g, 양파 2개, 감자 1/2개, 고구마 1/2개, 애호박 1/4개
양배추 2장, 춘장 3큰술, 고추장 1큰술, 간장 1작은술, 청주 1큰술
닭 육수(또는 물) 1/2컵, 굴소스 1/2큰술, 설탕 1/2큰술
물전분 2큰술(전분 1큰술+물 1큰술), 포도씨오일 2큰술
소금, 후추 약간씩

만들기
1. 모든 재료는 1~1.5cm 크기로 썬다. 냄비에 오일을 두르고 돼지고기와 양파 1/4 분량을 넣어 볶는다. 고기가 어느 정도 익으면 춘장, 고추장을 넣어 고소한 향이 날 때까지 볶는다.
2. 간장, 청주를 넣어 섞고 남은 양파와 나머지 채소를 넣어 볶는다. 육수(또는 물)를 붓고 한소끔 끓으면 뚜껑을 덮어 감자와 채소가 익을 때까지 10분 정도 끓인다.
3. 굴소스, 설탕, 소금, 후추로 간을 맞추고, 물전분을 넣어 걸쭉해지면 불을 끈다.

[카레 비빔장]

카레와 된장을 넣어 구수한 맛을 살린 비빔장이다. 은은하게 느껴지는 된장 맛이 깊은 맛을 더한다.

재료 | 쇠고기 200g, 양파 2개, 대파 1/2대, 감자 1개, 애호박 1/2개
양송이버섯 3개, 두부 1/2모, 콩나물 50g, 된장 2큰술, 고추장 1작은술
물 1¼컵, 카레 30~35g, 청주 1큰술, 포도씨오일 1큰술

만들기
1. 모든 재료는 1~1.5cm 크기로 썬다.
2. 냄비에 오일을 두르고 쇠고기, 양파, 대파, 청주를 넣어 볶다가 감자, 애호박, 버섯을 넣어 볶는다. 어느 정도 볶아지면 된장, 고추장을 넣어 섞으면서 볶다가 물을 붓고 뚜껑을 덮어 끓인다.
3. 재료가 거의 다 익어갈 때 두부, 콩나물을 넣어 익힌다.
4. 카레를 넣어 농도를 맞추고 잠시 더 끓인 후 불을 끈다.

특별하게 기념하고 싶은 날에는 스프를 끓이고, 샐러드를 만들고, 스테이크나 파스타를 만들게 되요. 남편이 좋아하는 메뉴들이기 때문이죠. 결혼 후 남편의 입맛에 맞춰서 요리를 배우고 만들다 보니 이제는 그런 메뉴들을 한식만큼 편하고 자신 있게 만들게 되었어요. 외식을 해야 먹게 되는 색다른 음식들을 만들어 식탁에 올려보세요. 오랜만에 새 옷을 입고 데이트를 나갈 때 느껴지는 기대와 즐거움이 우리집 식탁으로 찾아옵니다.

Part 03

카페 스타일 메뉴

 ①
 ②
 ③
 ④

콜리플라워스프

고소한 향에 뽀얀 크림색이 식욕을 자극하는 콜리플라워로 만든 스프예요. 콜리플라워는 위암 예방에 좋은 식품으로 저칼로리의 다이어트 식품이기도 해요.

| 재료 | 콜리플라워 1/2개(300g), 감자 1개(200g), 다진 마늘 2쪽
다진 양파 1/4개, 버터 1큰술, 허브오일(119페이지 참고) 1큰술
닭 육수 1½컵, 우유 1½컵, 생크림 2~3큰술
소금, 후추, 크루통, 허브 약간씩 |

| 재료준비 | 콜리플라워, 감자는 얄팍하게 썬다. |

만들기

1. 냄비에 버터, 오일을 두르고 다진 마늘, 양파를 넣어 약불에서 5분 이상 충분히 볶는다. 허브오일 대신 올리브오일, 포도씨오일을 써도 된다.
2. 콜리플라워, 감자를 넣어 볶다가 육수를 부어 부드럽게 으깨질 때까지 끓인다.
3. 믹서로 곱게 갈고 우유를 부어 한소끔 끓인다.
4. 생크림을 넣고 소금, 후추로 간한다. 스프를 그릇에 담고 크루통, 허브를 뿌린다. 빵과 샐러드를 곁들이면 잘 어울린다.

콜리플라워
브로콜리와 비슷하게 생긴 흰 꽃 모양의 채소로 꽃양배추라고 불린다. 비타민이 풍부하며 스트레스 완화, 위암 예방에 효과가 있다. 샐러드, 무침, 볶음 등 다양한 채소 요리를 만들 수 있다.

크루통
샐러드나 스프위에 얹어먹는 작은 빵 조각을 말한다. 먹다 남은 마른 빵이나 샌드위치를 만들고 남은 빵 가장자리로 만들면 경제적이다. 빵을 1cm 주사위 모양으로 썰고 올리브오일을 묻혀서 팬에 노릇하게 굽거나, 180℃ 오븐에서 10분 정도 구운 후 다진 파슬리, 소금 약간을 뿌려 만든다.

<table>
<tr><td rowspan="6">재
료</td><td>타이거 새우 8개, 오징어 1마리, 관자 4개, 홍합 800g</td></tr>
<tr><td>돼지고기 100g, 양송이버섯 5개, 방울토마토 10개</td></tr>
<tr><td>연두부 1모, 다진 양파 5큰술, 다진 파 3큰술, 다진 마늘 2작은술</td></tr>
<tr><td>다진 생강 1작은술, 말린 청양고추 1~2개, 고추기름 1큰술</td></tr>
<tr><td>참기름 1/2큰술, 청주 2큰술, 닭 육수+홍합 육수 3컵, 레몬즙 1큰술</td></tr>
<tr><td>설탕 1/2큰술, 소금, 후추 약간씩, 고수나 쪽파, 바게트빵 또는 스프용 면</td></tr>
</table>

태
국
식
해
물
스
프

새우와 오징어 등 해물로 만든 태국식 스프예요.
매콤한 듯하면서 구수하고, 시원한 감칠맛이 나며,
새콤달콤하기도 한 여러 가지 맛을 느낄 수 있어요.
해장용으로도 좋아요.

재료준비

1. 새우, 오징어, 관자, 홍합을 잘 씻어 손질한다. 돼지고기는 채썬다.

2. 양송이버섯은 모양을 살려 편썰고, 방울토마토는 꼭지 쪽에 십자 모양으로 칼집을 내준 후 끓는 물에 넣었다 빼서 껍질을 벗긴다. 말린 고추는 잘게 썬다.

3. 연두부는 깍뚝썰기한 후 끓는 물에 소금을 약간 넣고 잠시 데쳐서 물기를 빼면 부서지지 않고 깔끔하게 요리할 수 있다.

만들기

1. 팬에 오일을 약간 두른 후 다진 양파 2큰술, 다진 파 1큰술, 다진 마늘 1작은술, 다진 생강 1/2작은술을 넣어 향이 나게 잠시 볶다가 홍합, 손질하고 남은 새우머리를 넣어 볶는다. 화이트와인 1/4컵, 물 2컵을 붓고 뚜껑을 덮어 홍합이 입을 벌릴 때까지 익힌다. 홍합은 건져 살만 발라내고 육수는 체에 밭쳐 홍합 육수를 준비한다.

2. 팬에 고추기름, 참기름을 두르고 다진 양파 3큰술, 다진 파 2큰술, 다진 마늘 1작은술, 다신 생상 1/2작은술, 말린 청양고추를 넣어 향이 나게 볶는디.

3. 돼지고기를 넣어 볶다가 어느 정도 익으면 버섯, 방울토마토 순으로 넣고 볶는다. 소금, 후추로 살짝 밑간한다.

4. 닭 육수와 홍합 육수를 섞어서 3컵을 붓고 한소끔 끓으면 새우, 오징어, 관자, 홍합, 청주를 넣어 재료가 익도록 1분 정도 끓인다.

5. 연두부를 넣어 잠시 더 끓이다가 레몬즙, 설탕, 소금, 후추로 밑간한다. 취향에 따라 고수나 쪽파를 넣어준다. 스프를 그릇에 담고 구운 바게트나 삶아서 익힌 스프용 면을 곁들여 먹는다.

<table>
<tr><td>재
료</td><td>구이용 쇠고기(안심, 등심) 100g
새싹 채소 20g
양상추 또는 로메인 레터스 6장
토마토 1/2개, 슬라이스 치즈 1~2장
치아바타 빵 1개</td><td>간
장
소
스</td><td>간장 1/2큰술, 식초 1/2큰술
설탕 1/2큰술, 참기름 1/2큰술
올리브오일 1큰술, 땅콩버터 1작은술
다진 양파 1½큰술, 다진 사과 2큰술
소금, 후추 약간씩</td><td>드
레
싱</td><td>**새싹채소 드레싱**
간장소스 1큰술, 마요네즈 1/2작은술
케첩 1/2작은술, 소금, 후추 약간씩
레터스 드레싱
올리브오일 1작은술, 레몬즙 1/2작은술
꿀 1/2작은술, 소금, 후추 약간씩</td></tr>
</table>

① ② ③ ④ ⑤

텐더비프 샌드위치

（1인분）

부드러운 안심 스테이크와 신선한 채소가 듬뿍 들어간 풍부한 맛의 샌드위치예요. 유명한 카페에서 맛보고 따라 만들었는데 다들 그 맛에 흠뻑 빠졌어요. 쫄깃하면서도 부드럽고 구수한 치아바타 빵으로 만들어야 제맛이에요.

재료준비

1. 채소는 깨끗하게 씻어 물기를 제거한다.
2. 토마토는 1cm 두께로 둥글게 자른다.
3. 빵은 반으로 자른다.

만들기

1. 간장소스 재료를 잘 섞어둔다.
2. 쇠고기를 소금, 후추로 밑간한 후 달군 팬에서 굽는다. 한 면이 노릇하게 익으면 뒤집어 마저 굽는다.
3. 새싹채소는 새싹채소 드레싱 재료를 넣어 버무린다.
4. 양상추 또는 로메인 레터스는 레터스 드레싱 재료를 넣어 버무린다.
5. 반으로 가른 치아바타 빵의 단면에 버터(또는 크림치즈나 마요네즈)를 얇게 바르고 양상추(또는 로메인레터스), 슬라이스한 토마토, 쇠고기, 치즈, 새싹채소 순으로 얹는다. 나머지 빵 단면에 간장소스를 발라 덮는다.

치아바타
겉은 바삭하고 안은 촉촉하고 부드러운 이탈리아 빵이다. 담백하고 쫄깃해서 샌드위치 빵으로 좋고, 구워서 샐러드에 곁들여도 맛있다.

재료

쇠고기 간 것 300g, 올리브오일 1큰술, 양파 1개

당근 1/6개, 청 · 홍 파프리카 1/2개씩, 마늘 2톨

다진 토마토 400g, 머스터드 1/2작은술, 식초 1/2큰술

설탕 1/2큰술, 간장 1작은술, 꿀 1작은술

소금, 후추 약간씩, 햄버거 번 4개

〈슬로피 조〉는 다진 쇠고기와 채소를 토마토소스로 구수하고 달짝지근하게 조려 햄버거 빵 안에 채워 먹는 샌드위치예요. 구수하고 달짝지근하게 조려 햄버거 빵 안에 채워 먹는 샌드위치예요. 햄버거 대신 만들어 주면 아이들이 특히 좋아해요. 새콤달콤한 코울슬로를 곁들이면 더 맛있게 먹을 수 있어요.

재료준비
1. 쇠고기는 갈아진 것을 구입하거나 집에서 푸드 프로세서에 넣어 갈거나 다진다.
2. 모든 채소는 잘게 다진다.

만들기
1. 넓은 팬에 오일을 두르고 양파, 당근을 넣어 5분 정도 충분히 볶다가 파프리카, 마늘을 넣어 볶는다.
2. 쇠고기 간 것을 넣고 소금, 후추로 밑간한 후 센 불에서 물기 없이 볶는다.
3. 다진 토마토, 머스터드, 식초, 설탕을 넣어 물기가 없이 걸쭉해지도록 10분 정도 조린다. 간장, 꿀, 소금, 후추로 간해 마무리한다.
4. 햄버거용 번을 반으로 가르고 자른 단면을 따뜻하게 구운 후 슬로피 조를 채워 담는다. 미리 차갑게 준비한 코울슬로나 샐러드를 곁들인다.

사과 코울슬로

사과와 양배추를 넣어 새콤달콤하게 무친 샐러드이다. 일반적으로 마요네즈를 넣어 만드는데, 마요네즈 없이 소스를 만들고 사과를 넣어 자연스러운 새콤달콤한 맛을 살렸다. 기름기 있는 고기 요리에 잘 어울리고 샌드위치에 피클 대신 사용할 수 있다.

재료 양배추 100g, 적양파 35g, 당근 15g, 사과 100g

절임 소스 식초 2큰술, 설탕 2큰술, 올리브오일 2큰술

디종 머스터드 1작은술, 소금, 후추 약간씩

만들기 재료를 채썰고, 양배추, 적양파는 찬물에 잠시 담가 아삭한 맛을 살린다.
절임 소스를 넣어 버무린 후 냉장고에서 반나절 정도 맛이 들게 절인다.

햄치즈 파니니, 바나나 땅콩버터 파니니

(1인분)

파니니는 이탈리아 샌드위치로 파니니 그릴에 구워 따뜻하게 먹는답니다. 치즈와 햄 등 1~2가지 재료를 빵 사이에 넣어 치즈가 녹고 빵이 노릇해지도록 구워 줍니다. 토스트처럼 쉽고 간단해서 아침 메뉴로 좋아요.

재료	본레스 햄 2~4장, 체다 치즈 60g
	모짜렐라 치즈 10g, 레터스 3장
	파니니 빵 1개(또는 샌드위치용 식빵 2장)
	디종 머스터드 약간

스프레드	마요네즈 2큰술
	사워 크림(또는 플레인 요거트) 1큰술
	다진 피클 2큰술

만들기

1. 스프레드 재료를 잘 섞는다.
2. 치즈는 자연 치즈로 준비해서 잘게 채썰거나 슬라이스 치즈를 준비한다.
3. 빵 한면에 스프레드를 바르고 다른 면에 디종 머스터드를 바른 후 레터스, 햄, 치즈 순으로 올리고 빵으로 덮는다.
4. 파니니 빵을 파니니 그릴에 노릇하게 굽는다. 또는 달군 팬에서 치즈가 녹을 때까지 눌러가며 앞뒤로 굽는다.

바나나 땅콩버터 파니니

재료 바나나 1개, 땅콩버터 3~4큰술, 꿀 1작은술
시나몬 파우더 약간, 식빵 2장

만들기 빵 한 면에는 땅콩버터, 다른 면에는 꿀을 바른다. 슬라이스한 바나나를 땅콩버터를 바른 빵 위에 올리고, 시나몬 파우더를 뿌린 후 다른 빵으로 덮는다. 파니니 그릴에서 노릇하게 굽는다.

기로스는 밀전병 같은 피타 빵에 바비큐한 고기와 채소를 넣고 말아서 만든 그리스식 샌드위치예요. 플레인 요구르트로 만든 차지키소스가 담백하면서도 상큼해서 건강한 지중해의 맛을 느낄 수 있어요.

재료 닭다리살(또는 돼지고기, 쇠고기) 500g, 양상추 120g, 슬라이스 치즈 8장
토마토 1개, 양파 1/4개, 올리브 8개, 청·홍 피망 100g, 파인애플 4조각, 피클 40g
피타 빵(또는 토르티야) 4장, 칠리소스 약간

닭고기 마리네이드
간장 3큰술, 레드와인 3큰술
미림 1큰술, 레몬즙 1큰술
매실청 1큰술, 꿀 1큰술
설탕 1/2큰술, 올리브오일 1큰술
양파 1/4개, 마늘 3쪽, 생강 1쪽
소금, 후추 약간씩

차지키소스
플레인 요구르트 200g
오이 1/2개, 소금 1/4작은술
다진 마늘 1작은술
다진 민트나 파슬리 1큰술
올리브오일 1큰술
레몬즙 1작은술, 후추 약간

만들기

1. 닭고기 마리네이드 양념을 믹서에 갈아 체에 내린 후 고기 위에 부어 냉장고에서 30분 정도 재운다.

2. 양상추, 양파, 피망은 채썰고, 토마토, 올리브는 둥글고 얇게 썬다. 파인애플과 피클도 얇게 썬다.

3. 오이는 반으로 갈라 가운데 씨를 제거하고 잘게 다진다. 소금을 약간 뿌려 잠시 절인 후 물기를 짜서 차지키소스 재료와 섞는다.

4. 양념에 절인 고기를 직화로 굽거나 달군 팬에 노릇하게 굽는다.

5. 피타 빵을 달군 팬에서 살짝 데운 후 빵 위에 고기, 채소, 치즈 등을 골고루 담고 차지키소스와 칠리소스를 뿌려 돌돌 만다.

6. 먹기 좋게 반으로 썬다.

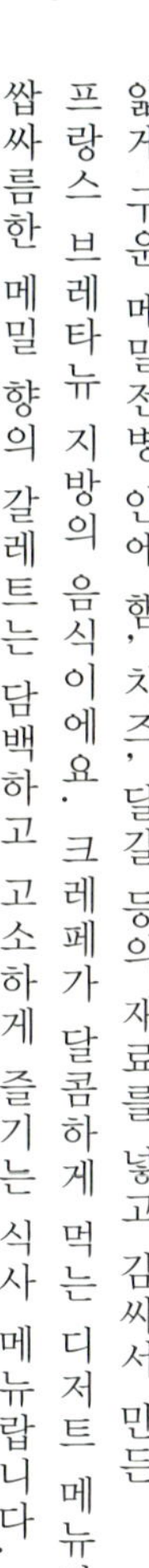

메밀 갈레트

얇게 구운 메밀전병 안에 햄, 치즈, 달걀 등의 재료를 넣고 감싸서 만든 프랑스 브레타뉴 지방의 음식이에요. 크레페가 달콤하게 먹는 디저트 메뉴라면 쌉싸름한 메밀 향의 갈레트는 담백하고 고소하게 즐기는 식사 메뉴랍니다.

재료	달걀 5개, 양파 1개, 양송이버섯 5개 햄 5장, 체다 치즈(또는 그뤼에르 치즈) 75g 파마산 치즈, 소금, 후추 약간씩
메밀 갈레트 반죽	메밀가루 1/2컵 우유 1컵 달걀 1/2개 소금 약간

재료준비

1. 양파, 햄, 치즈는 채썬다.
2. 양송이 버섯은 모양을 살려 편썬다.

만들기

1. 반죽 재료를 그릇에 담고 잘 섞어서 30분 정도 둔다. 전날 반죽을 만들어 랩을 씌워 냉장고에 넣고 하룻밤 숙성시켜 사용하면 좋다.
2. 오일을 약간 두른 팬에 양파와 버섯을 각각 볶는다. 소금, 후추를 살짝 뿌려 밑간 한다.
3. 팬을 약불로 달군 후 오일(또는 버터)을 키친타월이나 솔을 이용해 얇게 펴 바른다. 반죽을 1국자 정도 부어서 팬을 돌려가며 얇게 펼친다.
4. 반죽이 익어서 윗면까지 굳어가면 달걀을 깨뜨려 반죽 가운데에 올리고 소금, 후추를 살짝 뿌린다. 달걀흰자 부분에 양파, 버섯, 햄, 치즈를 올린다.
5. 달걀이 반숙으로 익으면 메밀 갈레트 가장자리를 가운데로 접어준다. 접시에 메밀 갈레트를 담고 파마산 치즈를 뿌린다. 샐러드를 곁들여 먹는다.

빵 스프 그라탕

네모난 식빵 안에 바지락으로 만든 스프와 치즈를 채워 넣고 치즈가 녹을 때까지 구운 음식이에요. 구수하고 부드러운 스프와 그릇으로 사용된 빵을 함께 먹을 수 있어 편리하고 재밌는 음식이죠.

재료	바지락 600g, 물 3컵, 감자 1개, 양파 1/2개, 당근 1/5개
	셀러리 1대, 양송이버섯 8개, 옥수수콘 80g, 버터 2큰술
	밀가루 4큰술, 우유 1컵, 모짜렐라 치즈 100g, 네모난 통 식빵 4개
	다진 파슬리, 소금, 후추 약간씩

재료준비

1. 바지락은 옅은 소금물에 담가 해감한다.
2. 감자, 양파, 당근, 셀러리는 0.5cm 크기의 주사위 모양으로 썰고, 버섯은 모양을 살려 편썬다.
3. 식빵은 5cm 정도 높이의 통 식빵으로 준비하여 속을 파낸다.
4. 오븐은 180~200℃로 예열한다.

만들기

1. 냄비에 물 3컵을 붓고 바지락을 넣고 끓인다. 바지락이 익어 입을 벌리면 육수는 체에 거르고, 바지락은 살만 발라낸다.
2. 팬에 버터를 두르고 감자, 양파, 당근, 셀러리를 넣어 볶다가 밀가루를 넣어 고소하게 익는 냄새가 날 때까지 볶는다.
3. 버섯, 옥수수콘을 넣고 1에서 받아둔 바지락 육수 2컵과 우유를 부어 감자, 버섯 등이 익을 때까지 끓인다.
4. 소금, 후추로 밑간하고 발라낸 바지락살과 모짜렐라 치즈 3~4큰술 정도를 넣어 섞는다. 빵 속에 들어가는 스프이므로 일반 스프보다는 농도가 걸쭉한 것이 좋다.
5. 빵 안에 스프를 담고 모짜렐라 치즈, 파슬리를 뿌린다.
6. 180~200℃로 예열한 오븐에 넣어 치즈가 녹아서 노릇해질 때까지 굽는다.

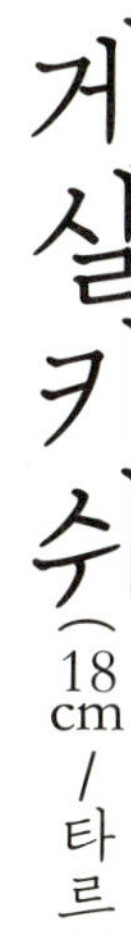

게살키쉬 (18cm / 타르트 팬)

달걀과 우유에 고기, 치즈, 채소 등을 넣어 오븐에서 구운 프랑스 파이예요. 고기 외에도 게살, 새우 등의 해산물 또는 버섯, 토마토 등의 채소를 넣어 다양하게 만들 수 있어요. 미리 만들어 아침이나 점심에 간단하게 데워 먹기 편한 메뉴예요.

재료

파이지 박력분 130g, 버터 60g, 달걀노른자 1개, 설탕 5g, 소금 2g

토핑 게살 100g, 대파 2대, 양파 1/4개, 감자 1개, 양송이버섯 2개
그뤼에르 치즈 65g, 파마산 치즈 35g, 소금, 후추 약간씩

필링 달걀 2개, 생크림 100ml, 우유 100ml, 소금, 후추, 넛맥 약간씩

재료준비

1. 포장해 놓은 게를 찜통에 쪄서 익힌 후 게살만 발라내거나 익힌 게살을 포장해 놓은 제품을 구입한다.

2. 대파는 송송 썰고, 양파, 감자는 채썬다. 양송이버섯은 모양을 살려 얄팍하게 썬다.

3. 치즈는 갈아둔다.

4. 오븐은 170~180℃로 예열한다.

만들기

1. 파이지 재료를 푸드 프로세서에 넣고 돌려 한 덩어리가 되면 멈춘다. 납작하게 만들어 비닐에 담고 냉장고에 30분 정도 넣어서 단단해지면 3mm 정도의 두께로 밀어 타르트 틀에 밀착시켜 깐다. 파이 바닥을 포크로 듬성듬성 찔러준다. 나머지 재료가 준비되는 동안 냉장고에 넣어둔다.

2. 필링 재료를 잘 섞어서 냉장고에 넣어둔다.

3. 팬을 달군 후 약간의 기름을 두르고 양송이버섯을 굽는다. 버섯을 덜어놓고, 그 팬에 감자를 넣어 볶다가 감자가 거의 다 익어갈 때쯤 대파, 양파를 넣어 볶는다. 소금, 후추로 밑간한다.

4. 1의 파이 바닥에 치즈를 반쯤 뿌린 후 3의 재료를 담고 그 위에 게살을 넉넉히 담는다. 2의 달걀액을 재료가 잠길 정도로 가득 붓고 남은 치즈를 뿌린다.

5. 170~180℃로 예열한 오븐에서 25~30분 정도 굽는다.

돼지고기(또는 닭고기, 새우 등) 200g

표고버섯 2개, 양파 1/4개, 당근 1/6개

숙주 80g, 부추 35g, 당면 35g

다진 마늘 1쪽, 다진 대파 1큰술

다진 생강 1/2작은술, 참기름 1작은술

소금, 후추 약간씩, 월남쌈 16장

쌀국수(가는 면) 50g, 구운 땅콩 부순 것 약간

스위트 칠리소스

고추장 1/2큰술, 고운 고춧가루 1/2큰술

홍고추 1개, 간장 1/2큰술, 양파즙 2큰술

사과즙 4큰술, 마늘 간 것 1/2큰술

설탕 2큰술, 꿀 1/2큰술

겨자 갠 것 1작은술, 레몬즙 1작은술

소금 약간

짜조 (16개)

라이스페이퍼에 고기나 채소 등을 넣고 말아 튀긴 베트남식 만두예요. 담백하면서도 고소한 짜조를 새콤달콤한 소스에 찍어 먹으면 입맛을 돋워줘서 전채 요리로 좋고 술안주나 간식으로도 환영받는답니다.

재료준비

1. 돼지고기, 닭고기, 새우살 등 원하는 재료를 준비하여 다진다.
2. 표고버섯, 양파, 당근, 부추도 잘게 다진다.
3. 당면은 물에 담가 불린다.

만들기

1. 달군 팬에 기름을 약간 두르고 다진 고기, 버섯, 양파, 당근, 다진 마늘, 대파, 생강을 넣어 볶는다. 소금, 후추로 밑간한다.
2. 당면과 숙주는 각각 데쳐서 찬물에 헹군 후 물기를 꼭 짜고 잘게 다진다.
3. 볶은 재료와 당면, 숙주, 부추를 잘 섞고 참기름, 소금을 넣어 간을 맞춘다.
4. 월남쌈을 뜨거운 물에 담갔다가 건져서 속 재료를 넣어 만다.
5. 기름을 넉넉히 두른 팬에 짜조를 넣어 튀기듯이 굽는다.
6. 스위트 칠리소스 재료를 믹서에 갈아 짜조를 찍어 먹을 수 있도록 곁들여 담는다. 데친 쌀국수 면을 찬물에 헹군 후 물기를 제거하고 스위드 칠리소스에 비무려 담은 후 구운 땅콩가루를 뿌려 곁들이면 잘 어울린다.

● 피쉬 소스(또는 연한 액젓) 1큰술, 파인애플즙 4큰술, 레몬즙 1큰술, 설탕 1/2큰술, 다진 마늘 1작은술, 다진 홍고추나 청양고추 1개, 소금 약간을 섞어 소스를 만들어 칠리소스 대신 찍어 먹어도 어울린다.

매운 홍합찜, 갈릭 포테이토

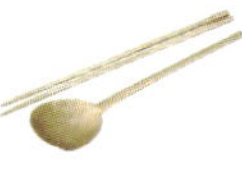

홍합을 매콤하게 익혀서 마늘 향이 나는 감자구이나 빵을 곁들여 먹는 음식이에요. 홍합도 맛있지만 홍합에서 우러난 매콤하고 시원한 국물 맛은 정말 끝내줍니다. 홍합철인 겨울에 꼭 한 번 만들게 되는 요리지요.

| 재료 | 홍합 1kg, 마늘 3쪽, 생강 1/2작은술
양파 1/6개, 마른 고추 1개
고추기름 1큰술, 청주 1/4컵 | 양념 | 고춧가루 1큰술, 간장 1작은술
설탕 1/2큰술, 청양고추 1개
홍고추 1/2개, 대파 1/2대, 후추 약간 |

재료준비

1. 홍합은 껍질에 붙은 이물질을 제거하고 깨끗하게 씻은 후 물기를 제거한다.
2. 마늘은 편썰고, 생강은 잘게 다지고, 양파도 다진다.
3. 마른 고추는 1cm 길이로 썬다.
4. 청양고추, 홍고추는 반으로 갈라 씨를 제거하고 채썬다. 대파는 송송 썬다.

만들기

1. 팬에 고추기름을 두르고 마늘, 생강, 양파, 마른 고추를 넣어 볶는다.
2. 센 불에서 잠시 볶아 향이 나기 시작하면 홍합을 넣고 볶는다. 청주를 붓고, 뚜껑을 덮어 홍합 입이 벌어질 때까지 기다린다.
3. 뚜껑을 열고 고춧가루, 간장, 설탕을 넣어 양념이 배도록 뒤적이면서 섞어준다. 고추, 대파, 후추를 뿌려준 후 불을 끈다. 그릇에 담고 구운 감자, 빵 등을 곁들인다.

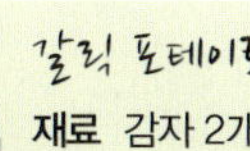

갈릭 포테이토

재료 감자 2개, 허브오일(119페이지 참고, 또는 올리브오일) 1큰술
으깬 마늘 1쪽, 말린 파슬리, 소금, 후추 약간씩

만들기 감자를 웨지 모양으로 썰고 허브오일, 으깬 마늘, 말린 파슬리, 소금, 후추를 넣어 섞어준다. 180℃로 예열한 오븐에서 20~25분 정도 굽는다.

   1 2 3 4 5 6

연어 감자케이크

연어나 흰살 생선에 감자 등의 채소를 섞어 햄버거처럼 모양을 만든 후 구운 요리예요. 크로켓과 비슷한 맛이라 생선을 싫어하는 아이들도 정말 맛있게 잘 먹어요. 샐러드와 함께 담아 내면 신선하고 건강한 느낌의 한 끼 식사가 되지요.

재료	연어살(또는 흰살 생선) 100g 감자 3개(600g), 양파 1/4개 대파 1/2대, 어린 새싹 샐러드 100g 버터 2큰술, 소금, 후추, 전분 허브오일(119페이지 참고) 약간씩
연어찜 양념	간장 1작은술 화이트와인 1큰술 생강 1톨, 소금, 후추 로즈마리, 타임 등의 허브 약간씩
샐러드 드레싱	올리브오일 2큰술 발사믹 식초 1큰술 소금, 후추 약간씩

재료준비

1. 연어는 살만 발라서 포장되어 있는 것을 구입한다.

2. 양파와 대파는 잘게 다진다. 생강은 얇게 편썬다.

만들기

1. 종이 호일 위에 연어를 올리고, 연어찜 양념을 뿌린 후 가장자리를 말아서 봉투 모양으로 만들어 김이 충분히 오른 찜기에 담아 8분 정도 찐다. 부드럽게 익은 연어살을 으깬다.

2. 냄비에 감자가 반쯤 잠길 정도로 물을 붓고 소금으로 밑간한 후 감자를 넣어 부드럽게 익을 때까지 삶는다. 감자 껍질을 벗기고 따뜻할 때 버터, 소금, 후추를 넣어 으깬다.

3. 프라이팬에 오일을 약간 두르고 양파와 대파를 넣어 부드럽게 볶는다. 소금, 후추로 밑간한다.

4. 감자, 연어, 양파, 대파를 잘 섞는다.

5. 4의 반죽을 둥근 원기둥 모양의 틀(지름 5~6cm)에 채워 넣어 작은 케이크 모양을 만든다.

6. 반죽 겉면에 전분을 살짝 묻히고 버터(또는 오일)를 녹인 팬에서 노릇하게 굽는다. 연어 감자케이크를 접시에 담고 어린 새싹 샐러드를 드레싱에 버무려 곁들인다.

생선 스테이크

등푸른 생선이나 흰살 생선 등의 생선구이에 곁들이기 좋은
감자 요리와 토마토 요리예요. 감자구이는 담백하고 고소한 맛을 더하고
토마토 절임은 상큼하고 신선한 맛을 더해줘서
밋밋할 수 있는 생선 스테이크의 맛을 풍부하게 만들어요.

재료 연어, 도미 등 생선살 150g × 4개, 소금, 후추 약간씩

감자 가니쉬

감자 2개, 다진 마늘 1큰술, 우유 2/3컵, 생크림 1/3컵, 파마산 치즈 2큰술

레몬즙 1작은술, 소금 1/2작은술, 다진 파슬리, 후추 약간씩

방울 토마토 마리네이드

방울토마토 30알, 다진 양파 2큰술, 다진 피망(빨강, 노랑, 녹색 피망) 2큰술씩

올리브오일 2큰술, 꿀 1큰술, 레몬즙 1큰술, 발사믹 식초 1/2큰술

다진 바질 10장, 소금 1/2작은술, 후추 약간

만들기

1. 방울토마토는 십자 모양의 칼집을 넣고, 끓는 물에 넣어서 껍질이 벌어지면 찬물에 헹군 후 껍질을 벗긴다.

2. 방울토마토를 반으로 자르고 마리네이드 재료와 잘 섞어서 냉장고에 30분 이상 넣어둔다.

3. 감자는 1cm 크기로 깍뚝썰기하여 냄비에 담고 다진 마늘, 우유, 생크림, 소금, 후추를 넣어 끓인다. 한 번 끓어오르면 약불로 줄이고 뚜껑을 살짝 덮어서 감자가 부드러워지게 10분 정도 익힌다.

4. 감자가 다 익었으면 뚜껑을 열고 바닥이 연한 갈색으로 눌어붙도록 좀 더 조린다. 파마산 치즈 간 것, 레몬즙, 다진 파슬리를 넣어 섞는다.

5. 연어를 소금, 후추로 밑간한다. 팬을 달군 후 기름을 약간 두르고 연어를 넣어 노릇하게 굽는다.

6. 그릇에 감자를 깔고 그 위에 연어를 올려 담는다. 토마토를 곁들인다.

<table>
<tr><td>재
료</td><td>다진 양파 1/2개, 다진 대파 1/4대, 다진 마늘 1~2쪽</td></tr>
</table>

재
료 │ 다진 양파 1/2개, 다진 대파 1/4대, 다진 마늘 1~2쪽

허브오일(119 페이지 참고) 1큰술, 버터 1큰술, 쇠고기 500g, 돼지고기 200g

밀가루 2큰술, 토마토 페이스트 2큰술, 레드와인 1컵

완숙 토마토 3~4개(800g), 쇠고기 육수(또는 닭 육수) 1컵

감자 1개, 고구마 1개, 마늘 5쪽, 새송이버섯 2개, 표고버섯 2개, 양송이버섯 3개

양파 1½개, 꿀 1큰술, 소금, 후추 약간씩

쇠고기 스튜

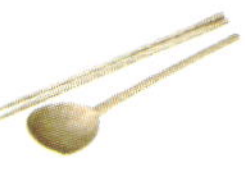

쇠고기와 여러 가지 채소를 넣고 푹 익혀 걸쭉한 국물을 함께 먹을 수 있는 음식이에요. 밥 위에 덮밥처럼 얹어 먹어도 맛있고 구운 빵이나 데친 파스타와 함께 먹어도 잘 어울려요. 여러 가지 재료의 맛이 잘 어우러지도록 약불에서 오랜 시간 익히는 게 맛을 내는 포인트예요.

재료준비

1. 쇠고기는 안심을 주로 사용하되, 양지머리를 약간 섞어서 넣어주면 구수하고 깊은 맛을 낼 수 있다. 돼지고기는 목심, 삼겹살, 갈비살 등을 사용한다. 고기는 핏물과 겉에 붙은 여분의 지방을 제거하고 3.5~4cm 크기로 썬다.

2. 감자, 고구마, 버섯, 양파는 2.5cm 크기로 큼직하게 썬다.

3. 토마토는 껍질과 씨를 제거하고 잘게 다진다. 또는 다진 토마토 캔 제품을 구입하여 사용한다.

만들기

1. 고기에 소금, 후추를 살짝 뿌려 밑간하고 밀가루를 고루 뿌려 묻힌다.

2. 큰 냄비에 허브오일과 버터를 두르고, 다진 양파, 대파, 마늘을 넣어 약불에서 오랜 시간 동안 진한 갈색이 되게 볶는다.

3. 고기를 넣어 노릇하게 굽는다. 고기에 묻히고 남은 밀가루가 있으면 같이 넣어 볶는다.

4. 토마토 페이스트를 넣어 섞은 후 레드와인을 부어 바닥에 눌어붙은 부분을 긁어가며 끓인다. 다진 토마토를 넣고 육수를 부어 한소끔 끓으면 떠오르는 거품을 걷어낸다. 약불로 줄이고 뚜껑을 덮어 40분 정도 은근하게 끓인다.

5. 썰어둔 채소를 넣어 20~30분 정도 더 끓인다. 채소는 허브오일을 두르고 겉면을 살짝 구워서 넣어주면 더 맛있고 깔끔하게 만들 수 있다. 채소가 다 익으면 뚜껑을 열고 원하는 스튜 농도가 되도록 더 조린다.

6. 꿀, 소금, 후추로 간한다. 스튜를 그릇에 담아 밥, 빵 등을 곁들여 먹거나 파스타를 삶아 허브오일에 버무린 후 스튜를 부어 낸다.

<table>
<tr><td rowspan="2">재
료</td><td>쇠고기(스테이크용) 200g, 닭가슴살 1½쪽</td><td rowspan="2">밑
간</td><td>쇠고기 밑간 레몬즙 1/2큰술</td></tr>
<tr><td>적양파 1개, 피망(빨강, 노랑, 주황, 녹색 등) 2개</td><td>간장 1작은술, 설탕 1작은술</td></tr>
<tr><td></td><td>토르티야 4장, 사워크림 약간</td><td></td><td>고춧가루 1/2작은술, 다진 마늘 1작은술</td></tr>
<tr><td></td><td>토마토 살사 다진 토마토 2개, 다진 양파 1/2개</td><td></td><td>소금 1/4작은술, 후추 약간, 오레가노 1/4작은술</td></tr>
<tr><td></td><td>다진 청양고추(또는 청고추) 1개, 레몬즙 1큰술</td><td></td><td>닭고기 밑간 레몬즙 1/2큰술, 설탕 1작은술</td></tr>
<tr><td></td><td>설탕 1/2작은술, 올리브오일 1~2큰술, 소금, 후추 약간씩</td><td></td><td>다진 마늘 1작은술, 카레가루 1/4작은술</td></tr>
<tr><td></td><td>구와카몰 아보카도 2개, 레몬즙 1큰술</td><td></td><td>계피가루 1/5작은술, 소금 1/3작은술</td></tr>
<tr><td></td><td>플레인 요거트(또는 사워크림) 4큰술, 소금, 후추 약간씩</td><td></td><td>후추 약간, 오레가노 1/4작은술</td></tr>
</table>

구운 고기와 채소를 토르티야에 싸 먹는 멕시코 음식이에요.
토마토 살사와 구와카몰소스로 매콤한 듯하면서도 상큼하고 고소한 맛이 더해져서
우리 입맛에도 잘 맞아요. 여러 가지 재료를 넣고 싸 먹는 재미도
솔솔 하니 별식으로 만들어보세요.

재료준비

1. 쇠고기와 닭가슴살은 두께 1~1.5cm, 길이 5~6cm로 썬다.

2. 양파와 피망은 채썬다.

만들기

1. 쇠고기와 닭가슴살은 각각 밑간하여 30분 정도 간이 배도록 냉장고에 넣어둔다.

2. 토마토는 껍질과 가운데 속씨 부분을 제거하고 잘게 다져서 나머지 재료와 섞어 토마토 살사를 만든다. 미리 만들어 냉장고에 1~2시간 넣어두면 맛이 잘 어우러져 좋다.

3. 아보카도는 껍질과 씨를 제거하고 속살을 포크로 으깬 후 나머지 재료와 잘 섞는다.

4. 팬을 달군 후 오일을 약간 두르고 양파, 피망을 볶는다. 소금, 후추로 간한다.

5. 달군 팬에 쇠고기, 닭고기를 각각 굽는다.

6. 토르티야는 찜기나 팬에서 따뜻하게 데운다. 면 보자기로 감싸 따뜻한 온도를 유지해주면 딱딱해지지 않고 촉촉하게 만들 수 있다.

7. 달군 그릴팬에 구운 고기, 볶은 채소를 담는다. 토마토 살사, 구와카몰, 사워크림을 각각 담아 내고, 토르티야를 곁들인다. 토르티야 위에 고기와 채소, 소스를 올리고 감싸 먹는다.

한국식 안심 스테이크

아삭하게 볶은 채소와 달짝지근한 간장소스를 곁들여
우리 입맛에 맞춘 한국식 스테이크예요.
만들기도 간단하고, 서양식 스테이크를 부담스러워하시는
어른들의 입맛에도 잘 맞는 스테이크랍니다.

재료	쇠고기 안심 150g×4개, 양파 2개	소스	간장 2큰술, 설탕 1큰술

재료
쇠고기 안심 150g×4개, 양파 2개
표고버섯 4개, 대파 2대, 당근 80g
숙주 200g, 부추 100g, 팽이버섯 1단
포도씨오일(또는 허브오일) 2큰술
소금, 후추 약간씩

소스
간장 2큰술, 설탕 1큰술
청주 2큰술, 미림 2큰술
쇠고기 육수(또는 닭 육수) 6큰술
다진 파 1큰술, 다진 마늘 1/2큰술
전분 1작은술, 참기름 1작은술
후추 약간

재료준비
1. 양파, 버섯, 대파, 당근은 채썬다.
2. 참기름을 제외한 소스 재료를 섞어둔다.

만들기
1. 팬을 달군 후 오일을 두르고 양파, 버섯, 대파, 당근을 넣어 볶는다.
2. 어느 정도 볶아지면 숙주, 부추, 팽이버섯을 넣어 잠시 더 볶는다. 소금, 후추로
   약하게 간을 한다.
3. 팬을 달군 후 안심을 올리고 소금, 후추를 뿌려 굽는다.
4. 고기를 구운 팬에 섞어 둔 소스를 붓고 저어가며 한소끔 끓인 후 불을 끈다. 참기
   름을 넣어 섞는다.
5. 따뜻하게 데운 그릇에 채소와 고기를 담고 소스를 뿌린다.

● 그릇을 미리 따뜻하게 데워 놓았다가 스테이크를 담으면 음식을 다 먹을 때까지
   따뜻하게 온도를 유지할 수 있어서 좋다.

<table>
<tr><td rowspan="6">재
료</td><td>쇠고기(스테이크용 안심, 등심 등) 600g</td><td rowspan="8">소
스</td><td>올리브오일 2큰술</td></tr>
<tr><td>마늘칩, 다신 파슬리나 바질 약간씩</td><td>말린 청양고추 1~2개</td></tr>
<tr><td>**스위트 갈릭**</td><td>다진 양파 1/3개, 화이트와인 2큰술</td></tr>
<tr><td>마늘 200g, 적양파 1/4개</td><td>우유 2/3컵, 생크림 1/3컵</td></tr>
<tr><td>꿀 50g, 식초 1큰술, 소금, 후추 약간씩</td><td>모짜렐라 치즈 60g</td></tr>
<tr><td></td><td>소금, 후추 약간씩</td></tr>
</table>

스위트 갈릭 스테이크

고기의 느끼함을 달콤하고 아삭한 마늘이 확 잡아주는 스테이크예요. 마늘의 알싸한 매운 맛을 최대한 없애고 달콤하고 상큼한 맛을 더해서 몸에 좋은 마늘을 맛있게 즐길 수 있지요. 레스토랑 스테이크가 부럽지 않아요.

재료준비

1. 마늘과 양파는 잘게 다진다.
2. 말린 청양고추는 씨를 털어내고 잘게 다진다.

만들기

1. 다진 마늘과 적양파를 물에 1~2시간 정도 담가 매운맛을 뺀다.
2. 마늘, 적양파를 물에서 건져 물기를 최대한 제거한 후 꿀, 식초와 잘 섞는다. 팬에서 매운 맛을 날리고 아삭한 식감이 살도록 살짝 볶는다. 소금, 후추로 간한다.
3. 소스팬에 올리브오일을 두르고 다진 양파를 넣어 볶다가 말린 청양고추를 넣어 매운 향이 나게 잠시 더 볶는다.
4. 화이트와인, 우유, 생크림을 넣어 한소끔 끓으면 모짜렐라 치즈를 넣고 저으면서 녹인다. 소금, 후추로 간한다. 고기를 굽는 동안 따뜻하게 유지한다.
5. 쇠고기에 소금, 후추를 뿌려 밑간하고 달군 팬에 올려 굽는다.
6. 따뜻하게 데운 접시나 그릴팬에 스테이크를 담고 스위트 갈릭과 소스를 뿌린다. 마늘칩, 다진 파슬리나 바질을 뿌린다.

마늘칩
마늘을 납작하게 편썰어 노릇하게 굽거나 튀긴 후 기름종이 위에 올려 여분의 기름을 제거한다.

재료	돼지고기 등심(두께 1cm 정도) 4장 에멘탈 치즈 200g, 양배추 240g 박력분(또는 전분) 4큰술, 달걀 2개 바게트 빵 2쪽(200g), 돈가스소스 소금, 후추, 허브 약간씩	드레싱 양배추 샐러드	골드 키위 1개, 다진 양파 1큰술 식초 1큰술, 매실청 1큰술 설탕 1/2큰술, 소금 1/5작은술 후추 약간

에멘탈 치즈 돈가스

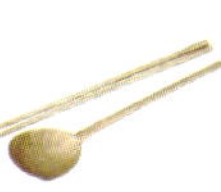

돼지고기 등심 속에서 에멘탈 치즈가 부드럽게 녹아 나오는

군침 도는 돈가스예요. 튀기지 않고 오븐에 구워서

바삭하면서도 기름지지 않고 담백해요.

재료준비

1. 돼지고기는 1cm 두께로 썰어서 기계로 눌러 놓은 등심이나 안심을 준비한다.

2. 에멘탈 치즈는 두께 1cm, 돼지고기의 1/2 크기로 썬다.

3. 양배추는 최대한 얇게 채썰어 찬물에 담가둔다.

4. 달걀은 잘 풀어 소금, 후추로 밑간한다.

5. 오븐은 200℃로 예열한다.

만들기

1. 양배추 샐러드 드레싱 재료는 믹서에 갈아서 냉장고에 넣어 차게 둔다.

2. 돼지고기는 소금, 후추를 뿌려 밑간하고 에멘탈 치즈를 고기 반쪽에 올린 후 반으로 접는다. 가장자리에 전분을 솔솔 뿌려준 후 접으면 잘 붙는다.

3. 바게트 빵을 푸드 프로세서에 넣고 거칠게 갈아 빵가루를 만든다. 허브, 소금, 후추를 약간씩 넣어 같이 갈아주면 좋다. 약간 거칠게 갈면 튀겼을 때 더 바삭하다.

4. 돼지고기에 박력분(또는 전분), 달걀, 빵가루 순으로 묻힌다.

5. 기름을 넉넉히 두른 팬에서 겉면만 노릇하게 구운 후 200℃로 예열한 오븐이나 그릴에 넣어 10분 정도 더 굽는다. 또는 180℃로 달군 기름에 넣어 바삭하게 튀긴다.

6. 고기와 양배추를 접시에 담고 양배추 위에 드레싱을 뿌린다. 돈가스소스는 따로 소스 그릇에 담아 찍어 먹을 수 있도록 한다. 깨를 갈아서 돈가스소스 위에 뿌려주면 더 맛있다.

에멘탈 치즈

'톰과 제리'에 등장하는 구멍이 송송 나 있는 스위스 치즈로, 은은하게 느껴지는 달콤한 향과 고소한 맛이 특징이다. 그뤼에르 치즈와 함께 퐁듀 요리의 재료이다. 그라탕, 샌드위치, 샐러드 등의 요리에 활용할 수 있다.

햄버거 스테이크

햄버거가 아이들에게 좋지 않은 음식일까요? 안심할 수 있는 신선한 재료로 만들어 채소를 곁들여 먹으면 성장기 아이들에게 필요한 영양분을 고루 섭취할 수 있는 좋은 음식이에요. 우리 아이들을 위해 수제 햄버거에 도전해보세요.

재료	**햄버거 패티** 쇠고기 300g, 돼지고기 100g 다진 양파 1/2개, 다진 마늘 1작은술 달걀노른자 1개, 우유 30g, 식빵 30g 간장 1/2큰술, 꿀 1작은술, 청주 1큰술 다진 파슬리나 바질, 소금, 후추 약간씩	소스	버터 2큰술, 다진 양파 1/3개 다진 마늘 2쪽, 다진 당근 1/4개 밀가루 2큰술, 사과 간 것 1/2개 다진 토마토 400g, 레드와인 1/2컵 꿀 1큰술, 간장 1/2큰술, 소금, 후추 파슬리나 바질 등의 허브 약간씩

만들기

1. 소스를 먼저 만든다. 냄비에 버터를 두르고 다진 양파를 넣어 중약불에서 양파가 갈색이 되도록 볶는다. 15분 정도 충분히 볶아주되 태우지 않도록 주의한다.

2. 다진 마늘, 당근을 넣어 볶다가 밀가루를 넣고 고소한 향이 나도록 볶는다. 사과 간 것, 다진 토마토, 레드와인을 부어 15분 정도 저어가며 조린 후 꿀, 간장, 소금, 후추, 허브를 넣어 마무리한다. 믹서에 갈거나 체에 걸러 고운 소스를 만든다.

3. 햄버거 패티를 만든다. 식빵에 우유를 부어 완전히 흡수되도록 한다.

4. 쇠고기, 돼지고기, 달걀노른자, 우유에 적신 식빵, 간장, 꿀, 청주, 소금, 후추를 푸드 프로세서에 넣고 간다. 갈아진 고기를 구입했다면 재료를 그릇에 담아 잘 섞어준다.

5. 잘게 다진 양파, 마늘, 파슬리(또는 바질)를 넣어 섞는다.

6. 150g씩 햄버거 패티 모양으로 빚어 오일을 두른 팬에서 노릇하게 굽는다.

7. 햄버거를 그릇에 담고 소스를 뿌린다. 반숙으로 프라이한 달걀을 곁들이거나 샐러드를 곁들이면 더 맛있게 먹을 수 있다.

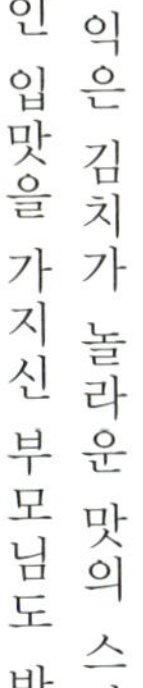

김치 스파게티 (2인분)

김치와 고추장이 들어간 토마토소스 스파게티예요. 냉장고 속 새콤하게 익은 김치가 놀라운 맛의 스파게티로 변신하지요. 전통적인 입맛을 가지신 부모님도 반한 맛이랍니다.

재료 │ 김치 200g, 베이컨 4장, 양파 1/2개, 마늘 2쪽, 오일 1큰술, 버터 1큰술
고추장 2큰술, 레드와인 2큰술, 다진 토마토 800g, 설탕 1작은술
스파게티 240g, 생크림(또는 우유) 1/4컵, 소금, 후추, 바질잎 약간씩

재료준비

1. 김치는 속을 털어내고 채썬다. 베이컨도 채썬다.
2. 양파, 마늘은 다진다.
3. 토마토는 끓는 물에 잠시 담갔다 꺼내서 껍질을 벗기고 안쪽 씨를 제거한 후 잘게 다진다. 다져서 나오는 캔 제품을 사용해도 좋다.

만들기

1. 팬에 오일을 두르고 베이컨, 양파, 마늘을 넣어 은은한 불에서 충분히 볶는다.
2. 버터를 넣어 녹인 후 김치를 넣고 볶는다. 고추장을 넣어 볶다가 레드와인을 넣어 잡내를 날린다.
3. 다진 토마토를 넣고 한소끔 끓으면 중불 이하로 줄여 조린다. 충분히 졸여지면 설탕, 소금, 후추로 간한다.
4. 스파게티를 알덴테로 삶은 후 3의 소스에 넣고 간이 배게 잠시 볶다가 생크림을 넣어 농도를 조절한다. 접시에 담고 허브로 장식한다.

● 베이컨은 끓는 물에 살짝 데친 후 사용하면 화학첨가물이나 기름기를 제거할 수 있다.

알덴테
파스타를 잘라 보아서 안에 하얀 심이 점처럼 보이고 약간 씹는 감이 있는 상태가 알덴테다. 파스타 봉지에 제시된 시간을 참고하여 조리한다.

상하이 파스타 (2인분)

매콤한 오리엔탈풍의 해물파스타예요. 처음엔 맛있어서 즐겁게 먹다가 점점 느껴지는 매콤함에 눈물이 찔끔 나는 중독성 강한 파스타죠. 원래는 더 매콤하게 만들지만 레시피는 중간 정도의 매콤함으로 맞췄어요.

재료 중하 새우 6마리, 갑오징어 1마리, 조개(또는 홍합) 8개
양배추 150g, 양파 1/4개, 표고버섯 2개, 느타리버섯 50g, 청양고추 2개
굴소스 2큰술, 고추기름 1~2큰술, 닭 육수 1¼컵, 스파게티 230g
청경채 2개, 올리브오일 3큰술, 소금, 후추 약간씩

재료준비

1. 새우는 머리, 내장, 껍질을 제거한다. 갑오징어는 칼집을 넣은 후 1.5cm 두께로 썬다. 조개는 해감하고, 홍합은 수염을 제거한 후 껍질에 묻은 이물질은 솔로 씻어낸다.
2. 양배추, 양파, 표고버섯은 채썰고, 느타리버섯은 찢어 놓는다.
3. 청양고추는 송송 썬다. 청경채는 길이로 2~4등분한다.

만들기

1. 팬에 올리브오일을 두르고 채소와 청양고추를 넣어 볶는다(이때 스파게티는 소금 간을 한 끓는 물에 넣어 삶기 시작한다).
2. 불을 센 불로 올린 후 새우, 오징어, 조개를 넣어 재빨리 볶는다.
3. 굴소스와 고추기름을 넣어 섞고 육수를 부어 한소끔 끓인다.
4. 스파게티는 9분 정도 삶은 후 건져서 오일을 넉넉히 두른 팬에 잠시 볶는다. 육수가 끓어오르면 볶은 스파게티를 넣어 소스가 잘 배게 섞으면서 볶아준다. 소금, 후추로 간한다.
5. 청경채를 넣고 버무려 그릇에 담아 낸다.

미트소스 오븐 스파게티 (2인분)

다진 쇠고기, 채소, 토마토를 조려 만든 미트소스 스파게티에 모짜렐라 치즈를 뿌려 오븐에 구운 파스타예요. 구수하고 달콤한 냄새가 집 안 가득 퍼지고 오븐 속 치즈가 먹음직스럽게 흘러내리면 가족들이 식탁 주위로 자연스럽게 모여든답니다.

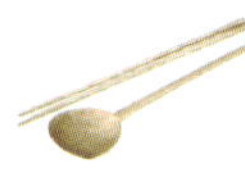

재료 쇠고기 200g, 새송이버섯 1개, 표고버섯 2개, 토마토 1개
올리브오일 2큰술, 양파 1/2개, 마늘 2쪽, 레드와인 2~3큰술
다진 토마토 400g, 모짜렐라 치즈 100g, 스파게티 200g
설탕 1작은술, 다진 바질, 파마산 치즈, 소금, 후추 약간씩

재료준비

1. 쇠고기는 잘게 썰거나 다진다.
2. 버섯은 모양을 살려 편썰고, 토마토는 껍질을 벗긴 후 웨지 모양으로 썬다.
3. 양파와 마늘은 다진다.
4. 오븐은 180~200℃로 예열한다.

만들기

1. 달군 팬에 올리브오일 1큰술을 두르고 버섯을 넣어 센 불에서 노릇하게 굽는다. 소금, 후추로 밑간하고 덜어 놓는다.
2. 달군 팬에 올리브오일 1큰술을 두르고 다진 양파와 마늘을 볶다가 달콤한 향이 나면 쇠고기를 넣어 볶는다.
3. 레드와인을 넣어 잡내를 날리고 다진 토마토를 넣어 살짝 조린다.
4. 알덴테보다 약간 덜 삶은 스파게티를 넣어 섞는다. 다진 바질, 파마산 치즈 간 것, 설탕, 소금, 후추를 뿌려 간한다.
5. 오븐용 그릇에 스파게티를 담는다. 그 위에 구운 버섯과 썰어 놓은 토마토를 듬성듬성 담은 후 모짜렐라 치즈를 뿌린다.
6. 180~200℃로 예열한 오븐에서 치즈가 노릇하게 구워지도록 7~8분 정도 익힌다.

재료
쌀 1½컵, 새우(대하) 8마리, 홍합 12개, 굴(또는 오징어) 70g

적양파 1/2개, 마늘 2쪽, 양송이버섯 1개, 화이트와인 1~2큰술, 토마토 퓨레 2큰술

파프리카 파우더 1/2작은술, 닭 육수 1½~2컵, 샤프란 약간

올리브오일 2큰술, 레몬 1/2개, 청 · 홍고추 1개씩, 이탈리안 파슬리 약간

빠에야

(25cm 빠에야 팬)

둥글고 납작한 빠에야 팬에 해물과 토마토, 샤프란 등의 재료를 푸짐하게 넣어 만든 스페인의 유명한 쌀 요리예요. 샤프란이 들어가서 먹음직스러운 노란색을 띠고 이국적인 향이 나죠. 다 익힌 후 밑부분의 밥을 눌러 풍미를 더하는 과정이 우리의 누룽지와 닮았어요.

재료준비

1. 쌀은 잘 씻어서 30분 정도 불린 후 체에 밭쳐 물기를 뺀다.

2. 새우, 홍합 등의 해물은 깨끗이 손질한다.

3. 적양파는 채썰고 마늘은 다진다. 양송이버섯은 모양을 살려 편썬다.

4. 청·홍고추는 반으로 갈라 씨를 제거하고 채썬다.

만들기

1. 닭 육수에 샤프란을 넣고 데워서 색을 우린다.

2. 팬에 올리브오일 1큰술을 두르고 적양파와 마늘을 넣어 볶는다. 손질한 해물을 넣어 살짝 볶고 화이트와인을 부어 잡내를 날린다. 살짝 익힌 해물을 덜어 놓는다.

3. 팬에 다시 올리브오일 1큰술과 쌀을 넣어 볶다가 토마토 퓨레와 파프리카 파우더를 넣어 볶는다.

4. 1의 육수를 체에 걸러 붓는다. 한소끔 끓으면 뚜껑을 덮고 중불 이하로 줄여 10분 정도 익힌다.

5. 밥 위에 버섯과 살짝 익혀둔 해물을 골고루 올려 담고 뚜껑을 덮어 약불에서 10분 정도 뜸을 들인다. 마지막에 센 불로 올려 바닥에 누룽지가 생기게 하면 더 맛있다.

6. 레몬 슬라이스, 채썬 청·홍고추와 파슬리(또는 바질)를 얹어 낸다.

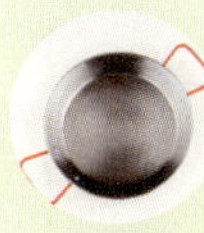

빠에야팬 (paellera)

빠에야를 만들 때 사용하는 얇고 넓은 팬이다. 사용 후에는 깨끗하게 씻어 물기를 닦고 기름칠을 해서 보관해야 녹슬지 않는다.

샤프란 (Saffron)

샤프란 꽃의 암술에서 채취한 것으로 1g을 얻으려면 암술 500개를 말려야 할 만큼 귀한 향신료이다. 아주 적은 양으로도 노란 빛깔과 향이 잘 우러난다. 빠에야에 빠질 수 없는 재료로 백화점의 외국 식재료, 향신료 코너에서 구입할 수 있다.

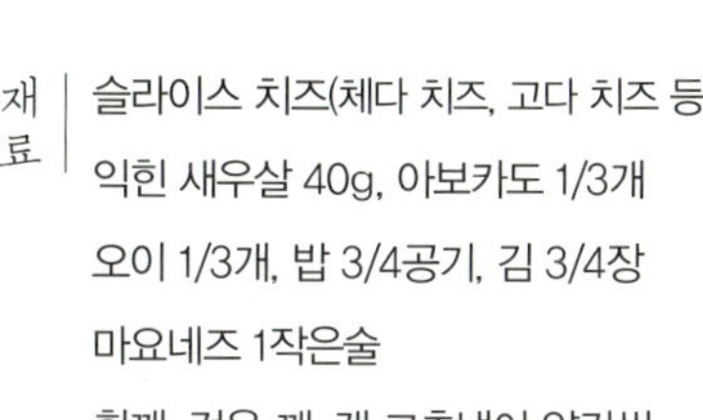

치즈 누드롤 (1줄)

가장 손쉽게 자주 만드는 롤이에요. 치즈, 새우, 아보카도, 오이를 속 재료로 넣고 밥이 바깥쪽으로 보이게 말아줍니다. 밥에 깨를 묻히면 모양도 좋고 고소한 맛도 더할 수 있답니다.

재료	슬라이스 치즈(체다 치즈, 고다 치즈 등) 2장	배합초	식초 1큰술
	익힌 새우살 40g, 아보카도 1/3개		설탕 1작은술
	오이 1/3개, 밥 3/4공기, 김 3/4장		소금 약간
	마요네즈 1작은술		
	흰깨, 검은 깨, 갠 고추냉이 약간씩		

재료준비

1. 새우는 찌거나 데쳐서 익힌 후 껍질을 벗기고 채썬다.
2. 아보카도는 막대 모양으로 썰고, 오이는 채썬다.

만들기

1. 따뜻한 밥에 배합초를 넣어 잘 섞어가며 식힌다.
2. 새우살은 마요네즈, 후추를 넣어 버무린다.
3. 김발 위에 김을 올리고 밥을 고루 편다. 밥 위에 깨를 뿌리고 랩을 씌운 후 뒤집는다.
4. 뒤집은 김 위에 고추냉이를 얇게 한 줄 바르고 치즈, 새우, 오이, 아보카도 순으로 올려 만다.
5. 김발로 감싸서 단단하게 모양을 잡은 후 8등분으로 썰고 랩을 벗겨 담는다.

| 재료 | 아보카도 1/2개, 게살 40g
크림 치즈 30g, 오이 1/4개
밥 150g, 김 2/3장
고추냉이 갠 것, 통깨 약간씩 | 게살
양념 | 마요네즈 1작은술
후추 약간 | 초밥초 | 식초 2작은술
설탕 1작은술
소금 약간 |

아보카도롤(1줄)

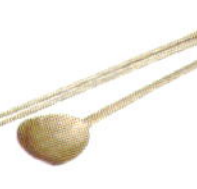

아보카도의 고운 색과 부드럽게 녹는 듯한 맛이 눈과 입을 즐겁게 해줘요.

아보카도는 속으로 넣어 만든 롤이에요. 나머지 재료는 롤의 대표적인 재료인 아보카도를 위에 올려 장식하고

재료준비

1. 아보카도는 반으로 갈라 가운데 씨와 껍질을 제거한 후 2mm 정도의 두께로 얇게 썬다.

2. 오이는 반으로 갈라 씨를 제거한 후 채썬다.

만들기

1. 따뜻한 밥에 초밥초를 넣고 잘 섞어준 후 젖은 면보를 덮어둔다.

2. 게살은 마요네즈, 후추를 넣고 잘 섞어 밑간한다.

3. 김 위에 밥을 펼쳐 깔고 랩으로 살짝 덮어준 후 김이 위로 향하도록 뒤집는다.

4. 갠 고추냉이를 얇게 한 줄로 바르고, 크림치즈, 오이, 게살 순으로 한 줄로 올린다. 게살 위에 통깨를 살짝 뿌린다.

5. 김발로 말 때 랩이 말려들어가지 않도록 주의한다. 랩을 벗기고 아보카도를 겹쳐 올린 후 다시 한 번 랩으로 감싸 고정시킨다.

6. 먹기 좋은 크기로 썬다.

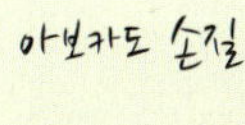

아보카도 손질

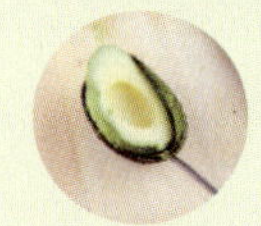

1. 아보카도를 반으로 자르면 한쪽에 큰 씨가 붙어 있다. 씨를 칼로 찍어서 살짝 돌려주면 아보카도 과육과 씨가 분리된다.

2. 숟가락으로 아보카도 과육을 발라낸다.

3. 원하는 형태로 썬다. 아보카도는 금방 변색되므로 레몬즙을 약간 뿌려준다.

달걀군함말이 초밥

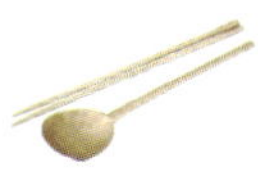

김으로 띠를 두른 군함 모양의 초밥 위에 고소한 스크램블드 에그를 듬뿍 담아 올린 초밥이에요. 날치알이나 성게알 등 형태가 흐트러지기 쉬운 재료를 올리기 위해 밥 주위를 배 모양처럼 김으로 감싼 초밥을 군함말이 초밥이라고 해요. 집에서 만들기도 쉽고 위에 올리는 재료를 다양하게 변화시킬 수 있어서 좋아요.

재료	달걀 8개, 송송 썬 실부추 8큰술	초밥초	식초 3큰술
	김 8장, 밥 4인분, 날치알 60g		설탕 1½큰술
	고추냉이 갠 것, 소금, 후추 약간씩		소금 1작은술

재료준비

1. 김은 3.5cm 폭으로 길게 자른다.
2. 날치알은 오렌지즙이나 레몬즙에 잠시 담갔다가 체에 밭쳐 물기를 제거한다.

만들기

1. 초밥초를 설탕이 녹을 때까지 섞은 후 따뜻한 밥에 넣고 자르듯이 섞어준다.
2. 달걀에 송송 썬 실부추, 소금, 후추를 넣고 잘 풀어준다.
3. 약불에서 달군 팬에 오일을 살짝 두르고 달걀을 넣어 젓가락으로 저어가며 부드럽게 스크램블한다.
4. 밥을 초밥 모양으로 빚는다.
5. 밥 위에 갠 고추냉이를 살짝 바르고 김으로 둘러준 후 스크램블한 달걀을 채운다. 날치알을 약간 올려준다.

<table>
<tr><td>재
료</td><td>쇠고기(스테이크용 2~3mm 두께) 400g
고추냉이 갠 것, 송송 썬 쪽파, 통깨 약간씩
초밥 밥 3공기, 배합초(식초 3큰술, 설탕 1½큰술, 소금 1/2작은술)
양파 초절임 양파 1개(200g정도), 레몬 3조각, 식초 2큰술
설탕 1큰술, 소금 1/2작은술</td><td>소
스</td><td>간장 3큰술
미림 1½큰술
설탕 1½큰술
가쓰오부시 1/4컵</td></tr>
</table>

 ①
 ②
 ③

④ ⑤ ⑥

쇠고기 불초밥

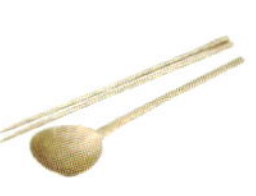

<table>
<tr><td>만들기</td><td>

1. [양파 초절임하기] 양파는 얇게 채썰고 레몬도 비슷한 두께로 둥글게 썬 후 식초, 설탕, 소금을 넣고 버무려 냉장고에 넣어 2~3시간 정도 절인다. 골고루 절여지도록 중간에 한 번 뒤섞어준다. 하루 전날 미리 만들어두면 맛이 잘 배어서 더 맛있다.

2. [소스 만들기] 간장, 미림, 설탕을 소스팬에 담아 한소끔 끓으면 불을 끄고, 가쓰오부시를 넣어 10분 정도 우린 후 체에 거른다.

3. [초밥 만들기] 배합초를 설탕이 녹도록 섞어준 후 따뜻한 밥에 넣어 잘 섞는다.

4. 달군 석쇠 또는 달군 그릴팬에 쇠고기를 올려 굽는다. 구우면서 소금, 후추를 뿌려 밑간한다. 표면만 살짝 익혀야 맛있다.

5. 초밥 위에 갠 고추냉이를 약간 바르고 쇠고기를 올린다.

6. 양파 초절임, 송송 썬 쪽파, 통깨를 올린다. 소스를 뿌린다.

</td></tr>
</table>

● 가스 토치로 고기를 익힐 때는 쇠고기 한쪽 면을 가스 토치로 살짝 익힌 다음 익힌 면을 아래쪽으로 하여 초밥 위에 올리고, 윗면을 토치로 마저 익힌다. 가스 토치는 부탄가스를 끼워 불을 발생시키는 도구이다.

가쓰오부시

말리고 훈연하는 과정을 반복해 단단해진 가다랑어를 얇게 깎은 것으로 일본의 기본 육수를 만드는 재료이다. 소스나 오코노미야키, 타코야키 등의 요리에 넣어 맛과 향을 더한다. 공기와 접촉하면 누렇게 변하고 향미가 떨어지므로 밀폐용기에 담아 냉동보관한다.

우리집 인기 음료

커피를 좋아하는 남편을 위해 커피 공부를 시작했죠.

좋아하는 원두를 고르고, 핸드드립으로 내려 마시는 시간을 즐길 줄 알게 되었어요.

이렇게 음료는 기호식품을 넘어 하나의 문화가 된 듯해요.

하루에 한 번씩은 마시게 되는 우리집 인기 음료들을 소개합니다.

[카페라떼]

진하게 내린 에스프레소에 따뜻하게 데운 우유를 넣은 커피 음료로 부드러워서 아침에 마시기 좋다.

재료 | 에스프레소 45ml
스팀으로 따뜻하게 데운 우유 150ml

만들기

1. 에스프레소를 내린다. 에스프레소 머신이 없을 경우 가정용 모카포트를 사용하면 맛있게 추출할 수 있다.
2. 에스프레소 머신의 스팀 노즐로 우유를 데운다. 머신이 없을 경우 작은 소스팬에 담아 데우거나 전자레인지에 넣어 70℃ 정도로 데운 후 전동 거품기나 믹서로 거품을 낸다.
3. 에스프레소에 우유를 붓는다. 우유의 양은 에스프레소의 3~5배 정도로 취향에 따라 조절한다. 단맛을 원하면 시럽이나 설탕을 약간 넣어준다.
4. 여름에는 아이스 카페라떼를 만들어 마시면 좋다. 에스프레소에 차가운 우유와 얼음을 넣어 만드는데, 우유의 양을 약간 줄이고 그만큼 얼음을 넣어준다.

[로열 밀크티]

우유에 진하게 우린 홍차로, 겨울에 따뜻하게 우려 마시면 좋다. 여름엔 뜨거운 물에 홍차를 우린 후 찬물이나 우유로 희석하여 상큼하게 마신다.

재료 | 홍차잎 6g, 물 50ml
우유 200ml
시럽 1~2작은술

만들기

1. 홍차 잎에 끓인 물을 잠길 정도로 부어 불리듯이 우린다.
2. 우유를 냄비에 담아 가장자리가 보글거리기 시작하면 불을 끈다. 우린 홍차잎을 넣고 스푼으로 저은 후 뚜껑을 덮어 5분간 우린다.
3. 따뜻하게 데운 잔에 시럽을 넣고 우린 홍차를 티 스트레이너(거름망)에 걸러 붓는다.

[자몽에이드]

자몽의 산뜻한 향과 맛을 느낄 수 있는 청량한 탄산음료이다.

재료 | 자몽 1개
탄산수 1컵
얼음, 시럽 약간씩

만들기 |
1. 자몽은 반으로 잘라 즙을 낸다.
2. 탄산수를 동량으로 붓고 시럽을 넣어 단맛을 조절한다. 탄산수를 줄이는 대신 얼음을 넣어 살짝 갈아주면 더 시원하게 마실 수 있다.

[홈메이드 두유]

콩을 통째로 갈아 풍부한 영양과 진한 고소함을 느낄 수 있는 영양 음료이다.

재료 | 콩 1컵(불리면 2½컵)
물, 소금이나 꿀

만들기 |
1. 콩은 깨끗이 씻은 후 3배 정도의 물을 부어 6시간 이상 충분히 불린다. 잠자기 전에 씻어서 불려두면 다음날 만들기 편하다.
2. 불린 콩을 손으로 비벼 껍질을 벗기고 떠오른 껍질을 체에 밭쳐 따라낸다. 콩 껍질에 들어 있는 식이섬유, 이소플라본 등은 콜레스테롤을 낮추고 갱년기 증세 완화에 도움을 주므로 같이 갈아도 좋다.
3. 콩을 냄비에 담고 충분한 물을 부어 삶는다. 끓기 시작해서 5~10분 정도 더 삶아 익히면 충분하다. 콩을 건져 먹어 보아서 고소한 맛이 나면 다 익은 것이니 불을 끈다.
4. 삶은 콩 1/2컵에 물 1½컵(3배의 물)을 부어 곱게 간다. 콩 삶은 물을 함께 넣어 갈면 더 고소하다. 우유, 볶은 콩가루, 깨, 잣 등을 첨가해서 함께 갈면 맛과 영양을 더할 수 있다. 소금으로 간하거나 꿀을 첨가해서 마신다.
5. 남은 콩은 밀폐용기에 담아 냉장고에 보관하고 한 번 마실 만큼씩 꺼내 갈아 마시면 편하다.

[토마토딸기주스]

토마토에 딸기와 석류주스를 함께 넣어 만든 향이 좋은 건강 주스이다.

재료 │ 토마토 1개
딸기 3개
석류(블루베리)주스 1/2컵

만들기 │
1. 토마토는 십자 칼집을 넣은 후 끓는 물에 잠시 담갔다 빼서 껍질을 벗긴다.
2. 토마토, 딸기, 석류주스를 믹서에 넣고 간다. 얼음 몇 조각을 함께 넣고 갈아도 좋다. 딸기 대신 사과, 수박 등을 넣어 갈아도 잘 어울린다.

[복분자 라씨]

복분자와 요구르트로 만든 새콤달콤한 건강음료이다. 복분자는 기운을 북돋아주고, 항산화, 항암 작용 등 다양한 효능이 있다.

재료 │ 복분자 퓨레 1/4컵
마시는 딸기 요구르트 1컵

만들기 │
1. 복분자를 믹서에 갈고 체에 걸러 복분자 퓨레를 만든다. 한꺼번에 만들어 냉장실이나 냉동실에 보관하고, 필요할 때 꺼내 사용하면 편하다.
2. 딸기 요구르트에 복분자 퓨레 3~4큰술을 넣어 잘 섞는다. 얼음과 시럽을 넣고 갈아 시원하게 만들어도 좋다.

가족을 위해서 가벼우면서도 건강에 도움이 되는 메뉴들을 항상 생각하게 되요. 다이어트는
이제 여성들만의 화두가 아니라 가족 모두의 관심사가 되었죠. 다이어트 음식은 맛이 없다는 고정
관념을 깨는 메뉴들을 소개하려고 합니다. 한 접시에 담아 다이어트식으로 간단하게 먹어도 좋고,
반찬으로 곁들여도 잘 어울리는 메뉴들이에요. 과식한 날이나 체중이 좀 불었다 싶을 때 하루 한
끼 정도는 다이어트 메뉴로 가볍게 먹어보는 건 어떨까요?

한 접시 다이어트 메뉴

재료	아보카도 1개, 새우 4마리, 달걀 1개
	망고(또는 복숭아, 파인애플) 1/2개
	적양파 1/3개, 방울토마토 5개
	샐러드용 채소(양상추, 로메인, 어린잎 채소 등) 100g
	빵 4조각

소스	플레인 요거트 4~5큰술, 꿀 1작은술
	설탕 1작은술, 올리브오일 2큰술
	파슬리, 소금, 후추 약간씩

재료준비 | 샐러드용 채소는 물에 씻은 후 찬물에 담갔다가 물기를 제거하여 사용한다.

만들기

1. 달걀은 완숙으로 삶고 껍질을 벗겨 잘게 다진다.

2. 끓는 물에 새우와 레몬 한 조각을 넣어 살짝 데쳐 익힌 후 새우 껍질을 벗겨 먹기 좋은 크기로 썬다.

3. 아보카도는 반으로 갈라 씨를 제거하고 수저로 떠서 껍질로부터 과육을 분리한 후 1.5~2cm 크기로 깍뚝썰기한다(아보카도 손질은 199페이지 참고). 망고도 깍뚝썰기한다.

4. 적양파는 잘게 다진 후 찬물에 잠시 담갔다가 물기를 제거한다. 방울토마토는 4등분한다.

5. 준비한 재료에 소스 재료를 넣어 살살 버무린다.

6. 빵을 바삭하게 구운 후 샐러드용 채소를 약간 깔고 그 위에 버무린 아보카도 샐러드를 담는다. 또는 아보카도 껍질 속에 샐러드를 채워 담고 빵을 곁들여 내도 좋다.

문어 오이 무침 샐러드

(2인분)

문어와 채소에 상큼한 소스를 넣어 무친 샐러드예요.
어린잎 채소와 함께 샐러드로 먹어도 좋고
반찬으로도 잘 어울려요.
문어 대신 오징어나 낙지 등으로 만들어도 맛있어요.

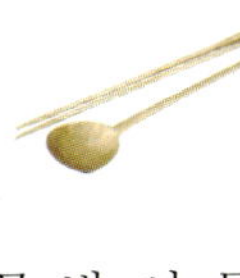

재료	문어 1/2개(200g), 오이 1개
	달걀 1개, 양파 1/4개
	방울토마토 8개, 어린잎 채소 약간

무침소스	올리브오일(또는 포도씨오일) 2큰술
	레몬즙 1큰술, 꿀 1큰술
	간장 1/2큰술, 소금 1/4작은술
	다진 마늘 1/2작은술

만들기

1. 문어는 김이 충분히 오른 찜기에 넣어 10분 정도 찌거나, 끓는 물에 넣어 10분 정도 데친다(익힐 때 양파, 대파, 무 등을 약간 넣어주면 좋다). 자숙문어를 구입하여 바로 요리해도 된다. 데친 문어는 먹기 좋은 크기로 얇게 썬다.

2. 오이는 반달썰기한다. 소금 1/4작은술을 뿌려 10분 정도 절인 후 물기를 꼭 짠다.

3. 달걀은 삶은 후 흰자는 먹기 좋게 썰고, 노른자는 체에 곱게 내린다.

4. 양파는 채썰어 찬물에 담갔다가 물기를 제거한다.

5. 방울토마토는 반으로 자른다.

6. 달걀노른자를 제외한 재료에 무침소스를 넣어 무친 후 그릇에 담는다. 어린잎 채소를 약간 곁들이고, 체에 내린 달걀노른자를 샐러드 위에 뿌린다.

두부선 샐러드

두부선은 으깬 두부에 고기나 채소 등을 넣어 섞고 모양을 잡은 후 찜기에 쪄낸 궁중 음식이에요. 정성이 들어간 만큼 보기도 좋고 맛도 좋은 음식이지요. 그대로 양념장에 찍어 먹어도 맛있지만 어린잎 채소와 함께 샐러드로 만들면 담백하면서도 건강에 좋은 다이어트 메뉴를 만들 수 있어요.

재료	소스
두부 1모	간장 2큰술, 매실청 2큰술, 배즙 2큰술
닭안심(또는 닭가슴살) 100g	잣가루 2큰술, 갠 겨자(또는 머스터드) 2작은술
표고버섯 3~4개, 단호박 60g	참기름 1/2작은술
달걀 1개	**두부선 양념**
어린싹 채소 또는 어린잎 채소 100g	간장 1/2작은술, 다진 파 2큰술, 다진 마늘 1큰술
	생강즙 1/3작은술, 매실청 1/2큰술, 참기름 1/2큰술
	깨소금 1큰술, 소금 1작은술, 후추 약간

재료준비

1. 두부는 면보에 꼭 짜고 체에 한 번 내려서 보슬보슬하게 준비한다.

2. 버섯은 곱게 다지고, 단호박은 0.7cm 크기로 깍뚝썰기한다.

만들기

1. 두부와 닭안심을 푸드 프로세서에 넣고 곱게 간다. 두부선 양념을 넣어 한 번 더 돌려 섞어준다.

2. 버섯, 단호박, 달걀을 넣어 잘 섞는다.

3. 호일 한쪽 면에 참기름을 바르고 그 위에 두부선 반죽을 길쭉하게 올린 후 말아 소시지 모양으로 만든다. 이쑤시개로 군데군데 찔러서 찌는 동안 터지지 않게 한다.

4. 김이 충분히 오른 찜기에 담아 센 불에서 10~12분 정도 찐다.

5. 한김 식힌 후 호일을 벗기고 먹기 좋게 썬다. 냉장고에 넣어 완전히 식힌 후 먹어도 맛있다.

6. 두부선을 그릇에 담고 어린싹 채소 또는 어린잎 채소를 담은 후 소스를 뿌린다.

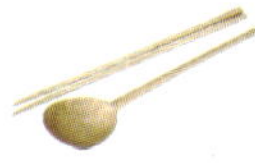

재료	
닭가슴살 1쪽	**잣소스** 잣 1/4컵, 물 1/4컵
배(또는 야콘) 1/3개	설탕 2/3큰술
사과 1/4개, 오이 1/2개	식초 2/3작은술
양파 1/3개	소금 1/2작은술
	흰후추 약간

만들기

1. 소스 재료를 믹서에 넣고 곱게 갈아 냉장고에 넣어둔다.
2. 배, 사과는 나박썰기하거나 채썰고, 오이는 반으로 갈라 가운데 씨를 제거하고 눈썹썰기한다. 양파는 채썰어서 찬물에 담갔다가 물기를 제거한다.
3. 닭가슴살은 고기 망치로 두들겨서 납작하게 편 다음 소금, 후추를 뿌려 밑간한다.
4. 달군 팬에 오일을 두르고 닭가슴살을 올려 노릇하게 구운 후 먹기 좋은 크기로 자른다. 또는 김이 충분히 오른 찜기에 넣고 찐 후 결대로 찢는다.
5. 구운 닭가슴살, 과일, 채소를 그릇에 담고 소스를 뿌린다.

고소한 잣소스로 맛을 낸 닭가슴살 샐러드예요. 담백한 듯하면서도 상큼하게 입맛을 돋워줘서 전채 요리로도 좋고 다이어트를 위한 샐러드 메뉴로도 좋아요.

<table>
<tr><td>재료</td><td>새송이버섯 1개, 표고버섯 2장, 양송이버섯 1개
느타리버섯 6개, 관자 3개, 토마토 1/2개, 양상추
로메인 등 샐러드 채소 50g, 다진 양파 1큰술
다진 마늘 1큰술, 다진 파슬리나 바질, 파마산 치즈
발사믹 리덕션, 소금, 후추 약간씩</td><td>레몬 드레싱</td><td>올리브오일 1큰술
레몬즙 1큰술, 꿀 1/2작은술
소금, 후추 약간씩</td></tr>
</table>

허브 모둠 버섯구이 샐러드 (1접시)

여러 종류의 버섯과 관자를 굽고 상큼한 레몬 드레싱으로 맛을 낸 샐러드예요. 물기가 생기지 않게 센 불에서 구운 버섯은 특유의 향과 쫄깃한 식감이 고기 못지않아요. 담백하면서도 향긋하게 입맛을 사로잡는 샐러드예요.

만들기

1. 느타리버섯은 크기에 따라 2~3등분으로 찢고, 다른 버섯은 모양을 살려 0.5cm 두께로 썬다.

2. 드레싱 재료를 섞어둔다. 토마토는 웨지 모양으로 썬다.

3. 팬을 센 불로 달군 후 오일을 약간 두르고 버섯을 넣어 굽는다. 익으면서 촉촉해지기 시작하면 소금, 후추를 뿌려 밑간한다. 한쪽 면이 노릇해지면 뒤집어 다진 양파, 마늘, 파슬리, 소금, 후추를 뿌려 마저 굽는다.

4. 팬을 달군 후 오일을 약간 두르고 관자를 넣어 굽는다. 한쪽 면이 노릇해지면 뒤집어서 마저 굽고 소금, 후추, 다진 파슬리를 뿌려 간한다. 먹기 좋게 썬다.

5. 구운 버섯, 관자, 토마토, 레몬 드레싱으로 살살 버무린 샐러드를 그릇에 담고 발사믹 리덕션, 파마산 치즈를 뿌려준다.

발사믹 리덕션(233페이지 참고)
발사믹 식초를 달콤하게 조린 소스다. 올리브오일과 섞어 구운 빵을 찍어 먹을 수도 있고 샐러드, 구운 채소, 스테이크, 샌드위치, 피자 등의 요리에 뿌려서 시각적인 효과와 함께 풍미를 더한다. 발사믹 식초 3컵, 설탕 3큰술을 냄비에 담고 조려서 양이 1/3 정도로 줄면 꿀 1큰술을 넣어 섞는다. 소독한 유리병에 담아 냉장고에 보관하여 사용한다.

새우, 과일, 견과류, 크루통에 오렌지 향을 가득 입힌 샐러드예요. 산뜻한 오렌지 향에 먹기 전부터 기분이 좋아지고, 아삭한 채소, 바삭한 견과류와 크루통은 입 안을 즐겁게 해줘요.

| 재료 | 새우 8마리, 오렌지 1개, 딸기 4개
키위 1개, 바나나 1개, 올리브 4개
로메인, 양상추, 라디치오 등 채소 60g
호두, 아몬드 등 견과류 30g, 식빵 1장
다진 파슬리, 소금, 후추 약간씩 | 오렌지 비네그레트 | 오렌지즙 60ml
레몬즙 1/2작은술
발사믹 식초 1/4작은술
디종 머스터드 1/4작은술
포도씨오일(또는 올리브오일) 60ml
소금 1/3작은술, 후추 약간 |

재료준비

1. 새우는 머리와 내장, 껍질을 제거한다.
2. 식빵은 1cm 정도의 정육면체로 썰고, 견과류는 굵게 다진다.
3. 샐러드용 채소는 깨끗하게 씻은 후 물기를 제거한다.

만들기

1. 팬에 오일을 약간 두르고 식빵과 견과류를 넣어 노릇하게 굽는다. 다진 파슬리(또는 밀린 파슬리), 소금, 후추를 약간 뿌려 섞는다.
2. 오렌지 비네그레트 재료를 그릇에 담아 잘 섞는다. 또는 유리병에 담아 흔들어 잘 섞어서 사용한다.
3. 오렌지, 딸기 등 과일은 먹기 좋게 썬다.
4. 새우는 올리브오일, 소금, 후추를 약간씩 넣고 버무려 달군 팬에 굽는다.
5. 그릇에 채소를 담고 오렌지 비네그레트를 뿌린다. 과일, 새우를 담은 후 오렌지 비네그레트를 더 뿌려준다. 그 위에 구운 견과류와 식빵을 올려 담는다.

<table>
<tr><td>재
료</td><td>참치(횟감용) 400g, 오이 1/2개
파프리카 1/2개, 다진 적양파 2큰술
어린잎 채소 100g, 바게트(작은 크기) 1개</td><td>소
스</td><td>레몬즙 4큰술
디종 머스터드(또는 홀그레인 머스터드) 1큰술
간장 1큰술, 올리브오일 4큰술, 꿀 2작은술
송송 썬 실부추 1큰술, 소금, 후추 약간씩</td></tr>
</table>

참치 타르타르 샐러드

횟감용 참치를 올리브오일과 레몬즙으로 버무린 샐러드예요. 구운 바게트 빵 위에 올려 먹으면 상큼하고 가벼운 한 끼 식사가 되죠. 참치 대신 연어나 광어 등으로 만들어도 맛있어요.

만들기

1. 참치는 횟감으로 준비해서 1cm 크기로 깍뚝썰기한다. 냉동 참치일 경우 옅은 소금물에 10초간 담갔다가 물기를 닦고, 면 보자기에 감싸서 냉장고에 넣어 해동한 후 깍뚝썰기한다.

2. 그릇에 레몬즙과 디종 머스터드, 간장, 소금, 후추를 넣어 거품기로 잘 섞은 후 올리브오일을 조금씩 넣어가며 잘 섞이게 젓는다. 꿀, 송송 썬 부추를 넣어 소스를 완성한다.

3. 오이와 파프리카는 잘게 깍뚝썰기하여 참치, 다진 적양파와 함께 그릇에 담고 소스 6큰술을 넣어 버무린다. 냉장고에 넣어 차게 둔다.

4. 바게트는 1cm 두께로 썰어서 올리브오일을 살짝 바른 후 180℃로 예열한 오븐에서 바삭하게 5분 정도 굽는다.

5. 어린잎 채소에 남은 소스를 넣어 버무린 후 참치 타르타르와 함께 섞는다. 구운 바게트를 곁들여 참치 타르타르 샐러드를 바게트 빵 위에 올려 먹는다.

디종 머스터드

프랑스 브르고뉴 디종에서 만들어진 머스터드소스로 연한 노란색을 띠고 있으며, 매우면서도 부드러운 맛을 낸다. 소스나 드레싱, 해물이나 고기 요리 등에 다양하게 사용한다. 홀그레인 머스터드는 겨자씨가 그대로 들어가 있어 요리에 겨자의 향과 씹히는 맛을 더하고 싶을 때 사용하면 좋다.

흑임자 소스 두부

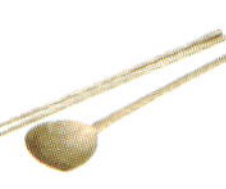

다이어트할 때는 불 앞에서 요리하는 것마저 수고스럽게 느껴질 때가 있어요. 실크처럼 부드러운 생식용 두부에 고소한 흑임자 소스를 끼얹어 먹는 이 요리는 정말 간단하면서도 다이어트에 필요한 단백질과 양질의 지방을 섭취할 수 있는 좋은 메뉴예요.

재료	생식용 두부(또는 연두부) 1모
	어린잎 채소
	방울토마토 약간씩

소스	흑임자 2큰술
	깨 1큰술
	시럽(또는 꿀) 1큰술
	두유 6큰술
	간장 1/2작은술

만들기

1. 두부는 4등분한다.
2. 소스 재료를 곱게 간다. 더 고운 소스를 만들려면 체에 한 번 내린다.
3. 접시에 두부를 담고 소스를 끼얹는다. 어린잎 채소와 토마토를 곁들인다.

225

묵전 (지름 20cm 정도 / 2장)

메밀묵이나 도토리묵을 으깨서 여러 채소와 함께 구운 전이에요. 밀가루가 거의 들어가지 않아 칼로리는 낮으면서도 전의 고소함은 그대로 살렸어요. 다이어트식으로도 좋지만 먹다 남은 묵이 있을 때 맛있게 만들어 먹을 수 있는 메뉴예요.

재료	
메밀묵(또는 도토리묵) 1판(400g 정도)	
달걀 2개, 밀가루(또는 부침가루) 2큰술	
소금 1작은술, 후추 약간	
고명 부추 50g, 대파 30g, 깻잎 10장	
표고버섯 1~2개, 홍고추 1개	
풋고추 1개, 새우살 60g, 달걀 1개	

양념장
간장 2큰술, 물 2큰술
식초 1/2작은술, 다진 마늘 1/2큰술
다진 파 1/2큰술, 고춧가루 1작은술
깨소금 1작은술

재료준비

1. 부추는 3~5cm 길이로 썰고, 깻잎은 채썬다.

2. 새우살은 1.5cm 크기로 썰고, 표고버섯도 비슷한 크기로 썬다.

3. 대파와 고추는 송송 썬다.

만들기

1. 메밀묵은 잘게 으깬다.

2. 으깬 묵에 달걀, 밀가루, 소금, 후추를 넣어 섞는다.

3. 달군 팬에 넉넉한 기름을 두르고 묵 반죽을 반만 떠서 납작하게 펼쳐서 굽는다.

4. 남은 반죽에 잘라둔 고명 재료를 넣어 섞는다.

5. 3의 반죽 밑면이 노릇하게 익으면 뒤집은 후 윗면에 4의 반죽을 고루 펼친 후 마저 굽는다. 묵전을 그릇에 담고 양념장을 곁들여 낸다.

227

쇠고기 무쌈말이

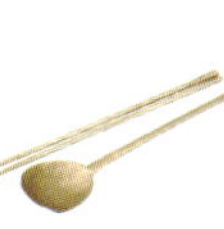

쇠고기와 여러 채소, 과일을 쌈무로 말아 만든 상큼한 다이어트 메뉴예요. 새콤달콤하고 아삭하게 씹혀서 입맛을 돋워주는 전채 요리로도 좋아요.

재료
쇠고기(샤브샤브용으로 얇게 썬 것) 200g
양파 1개, 깻잎 12장, 오이 1개, 청피망 1개
홍피망 1개, 어린잎 채소 60g
사과 1/2개, 배 1/2개

쌈무
무 200g, 식초 1큰술, 레몬즙 1큰술
설탕 2큰술, 소금 1/4작은술

겨자 소스
겨자 갠 것 1큰술, 물 1큰술
식초 3큰술, 설탕 2큰술
다진 마늘 1/2작은술, 간장 1작은술
후추 약간

만들기

1. 무를 얇팍하게 썬다. 식초, 레몬즙, 설탕, 소금을 골고루 섞은 후 무에 뿌려 1시간 이상 절인다.

2. 양파, 깻잎 등 채소와 과일은 채썬다.

3. 쇠고기는 소금, 후추로 살짝 밑간을 한 후 굽는다.

4. 쌈무를 깔고 쇠고기, 채소, 과일을 올려 만다.

5. 무쌈말이를 그릇에 담고 소스를 곁들인다.

해물꼬치

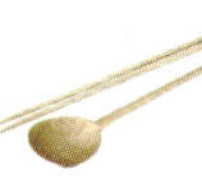

해물과 채소를 꼬치에 끼워 구운 후 원하는 소스에 찍어 먹는 메뉴예요.
해물이 신선하다면 살짝 구워서 레몬즙 몇 방울만 떨어뜨려 먹어도 맛있죠.
해물은 고단백·저칼로리 식품이어서 다이어트 메뉴로 적극 추천하고 싶어요.

재료	새우 8마리, 관자 8마리, 주꾸미 8마리

표고버섯 4개, 청·홍피망 1/2개씩

대파 1/2대, 양파 1/4개

빵가루

식빵 1장, 슬라이스 아몬드 2큰술

허브오일(119페이지 참고, 또는 올리브오일) 2큰술

다진 파슬리, 소금 약간씩

소스 1

레몬즙 2큰술, 소금, 후추 약간씩

소스 2

토마토케첩 1큰술, 고추장 1작은술

매실청 3큰술, 레몬즙 1큰술

겨자 갠 것 1/2작은술

재료준비

1. 새우는 머리와 내장을 제거한다. 관자는 내장과 힘줄을 제거한다.

2. 주꾸미는 내장, 눈, 이빨을 제거하고 밀가루, 소금을 뿌려 바락바락 주무른 후 깨끗이 헹군다.

3. 버섯, 피망, 대파, 양파는 2.5×2.5cm 크기로 썬다.

만들기

1. 끓는 물에 소금 약간, 청주 1~2큰술을 넣고 해물을 넣어 데친 후 건져낸다. 익힌 새우는 껍질을 벗긴다.

2. 식빵과 슬라이스 아몬드를 푸드 프로세서에 넣고 간다. 약불로 달군 팬에 허브오일을 두르고 빵과 아몬드 간 것을 넣어 노릇하고 바삭하게 볶는다. 다진 파슬리와 소금을 약간 뿌려 섞은 후 식힌다.

3. 소스 재료를 각각 섞는다.

4. 꼬치에 해물과 채소를 끼우고 소금, 후추, 다진 파슬리를 약간 뿌려 밑간한다. 달군 팬에 오일을 약간 두르고 해물 꼬치를 굽는다.

5. 그릇에 빵가루를 깔고 해물꼬치를 그 위에 올려 담는다. 소스를 함께 곁들인다.

감자 2개, 고구마 2개, 비트 1/2개

마늘 2통, 양파 1/2개, 표고버섯 2개

새송이버섯 1개, 브로콜리 1/2송이

허브오일(119페이지 참고, 또는 올리브오일) 4큰술

발사믹 리덕션, 소금, 후추 약간씩

232

채소 오븐구이

감자와 고구마 등을 오븐에서 노릇하게 구운 요리예요.

채소를 맛있게 많이 먹을 수 있어 다이어트 식으로 좋아요.

감자 외에 단호박, 마, 토란 등으로 만들어도 맛있어요.

고기나 해물 등의 메인 요리에 곁들여 먹어도 잘 어울리죠.

재료준비

1. 감자는 껍질을 벗기고 6등분으로 자른다.

2. 고구마, 비트는 껍질을 벗기고 감자와 비슷한 크기로 자른다. 양파와 버섯도 비슷한 크기로 자른다. 비트는 끓는 물에 5분 정도 데친 후 요리하면 빨간물이 드는 것을 방지할 수 있다.

3. 마늘은 껍질을 벗기고 브로콜리는 작은 송이로 자른다.

4. 오븐은 180~190℃로 예열한다.

만들기

1. 감자, 고구마, 비트, 마늘을 오븐용 그릇에 담고 허브오일 2큰술, 소금, 후추를 뿌려 버무린 후 예열한 오븐에 넣어 30분 정도 굽는다.

2. 양파, 버섯, 브로콜리에 허브오일 1큰술, 소금, 후추를 뿌려 버무리고 1에 넣어 섞어준 후 오븐에 넣어 15분 정도 더 굽는다.

3. 채소 구이를 오븐에서 꺼내 그릇에 담고 허브오일, 발사믹 리덕션을 약간 뿌린다.

발사믹 리덕션

발사믹 식초를 달콤하게 조린 소스로 올리브오일과 섞어 빵을 찍어 먹거나, 샐러드, 스테이크 등 각종 요리에 뿌려 풍미를 더하고 장식의 효과를 준다.

재료 발사믹 식초 2컵, 갈색설탕 2큰술, 꿀 2작은술(또는 발사믹 식초 1컵 레드와인(드라이와인) 1컵, 갈색설탕 1/2큰술, 꿀 1/2큰술)

만들기 발사믹 식초, 설탕을 냄비에 담고 약불로 끓여서 조린다. 양이 1/3 정도로 줄고 농도가 걸쭉해지면 꿀을 넣어 섞은 후 불을 끈다. 소독한 유리병에 담아 냉장고에 보관한다. 발사믹 식초만으로 만들면 진한 맛을, 레드와인을 섞어 조리면 가볍고 부담 없는 달콤한 맛을 낼 수 있다.

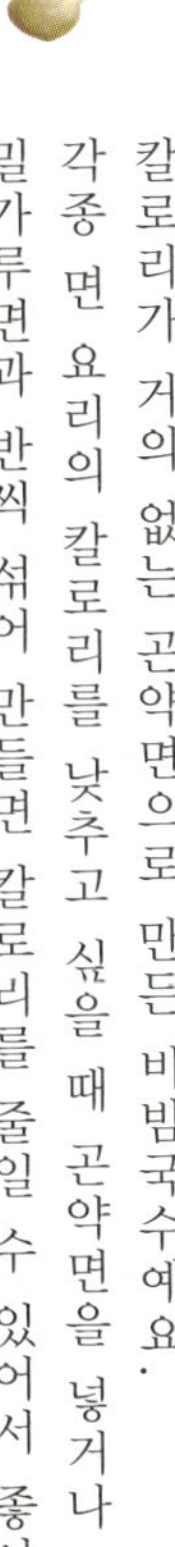

칼로리가 거의 없는 곤약면으로 만든 비빔국수예요. 각종 면 요리의 칼로리를 낮추고 싶을 때 곤약면을 넣거나 밀가루면과 반씩 섞어 만들면 칼로리를 줄일 수 있어서 좋아요.

재료	곤약면 150g, 소면 30g, 쇠고기 50g, 무 50g, 달걀 1개
	양상추 5장, 깻잎 5장, 양파 1/6개, 피망(빨강, 녹색, 노랑) 1/4개씩
	오이 1/2개, 참기름, 구운 김채, 통깨 약간씩

쇠고기 양념	간장 1작은술, 설탕 1/2작은술
	다진 파 1작은술
	다진 마늘 1/2작은술
	참기름 1/2작은술
	깨소금 1/2작은술, 후추 약간

비빔장	고춧가루 3큰술, 고추장 1큰술
	간장 1/2큰술, 식초 2큰술
	설탕 2큰술, 꿀 1/2큰술
	매실액 1큰술, 배즙 2큰술
	양파 간 것 1큰술, 마늘 간 것 1큰술
	통깨 1큰술, 참기름 1큰술
	후추 약간

만들기

1. 비빔장 재료를 잘 섞는다.

2. 쇠고기는 채썰거나 다져서 고기 양념에 버무린 후 물기 없이 볶는다.

3. 무는 얇게 채썰어 식초 1/2큰술, 설탕 1/2큰술, 소금 약간을 뿌려 버무린 후 30분 정도 절인다.

4. 양상추, 깻잎, 양파, 피망은 채썬 후 찬물에 담가서 아삭해지면 물기를 제거한다. 오이도 채썬다.

5. 달걀은 흰자, 노른자로 나눠 팬에 얇게 구운 후 채썬다.

6. 곤약면은 끓는 물에 한 번 데친 후 찬물에 바로 헹구고 물기를 제거한다. 소면도 삶은 후 찬물에 헹구고 물기를 제거한다.

7. 준비한 재료를 그릇에 담고 비빔장을 적당히 넣어 비빈다. 참기름, 구운 김채, 통깨를 뿌린다.

235

<table>
<tr><td>재료</td><td>닭가슴살 1~2장, 돼지고기 100g
새우 100g, 숙주 30g, 오이 1/2개
당근 1/4개, 양파 1/3개
팽이버섯 1/2팩, 깻잎 10장
청·홍 피망 1/2개씩
어린잎 채소 30g, 어린싹 채소 30g
파인애플 1쪽, 딸기 3개, 사과 1/2개
라이스페이퍼(월남쌈) 20장</td><td>밑간</td><td>닭고기, 돼지고기, 새우 밑간
청주 1/2큰술, 다진 마늘 1작은술
생강즙 1/2작은술, 소금, 후추 약간씩</td><td>소스</td><td>땅콩버터소스 땅콩버터 1큰술
간장 1큰술, 꿀 1큰술, 식초 1큰술
연겨자 1작은술, 다진 마늘 1작은술
파인애플즙 3큰술
설탕, 소금, 다진 땅콩 약간씩
스리라차 칠리소스 스리라차 칠리소스 1큰술
해선장 1큰술, 파인애플즙 2작은술
설탕 1작은술, 꿀 1작은술, 식초 1작은술
피쉬소스 피쉬소스 1큰술, 파인애플즙 4큰술
레몬즙 1큰술, 다진 마늘 1작은술, 다진 청양고추 1개
설탕 1/2큰술, 소금 약간</td></tr>
</table>

①

②

③

④

3가지 소스의 월남쌈

쌀로 만든 월남쌈에 고기와 채소 등을 싸서 소스에 찍어 먹는 베트남 요리예요. 여러 가지 채소를 많이, 맛있게 먹을 수 있어서 다이어트 메뉴에 빠지지 않죠. 3가지 소스만 잘 배워두면 월남쌈 맛내기는 걱정 없어요.

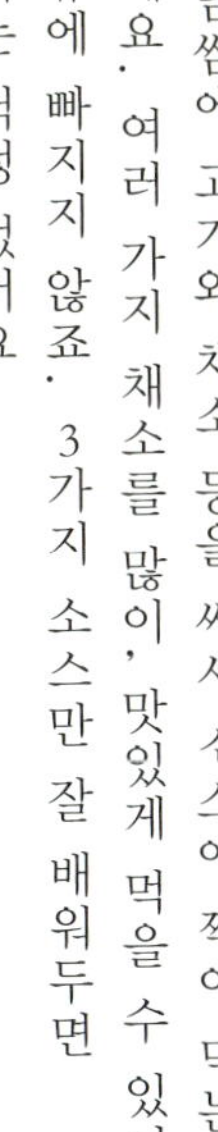

재료준비

1. 닭가슴살, 돼지고기는 비슷한 크기로 채썬다.

2. 새우는 머리, 껍질, 내장을 제거하고 채썬다.

3. 채소와 과일도 비슷한 크기로 채썬다.

만들기

1. 닭고기, 돼지고기, 새우는 청주, 다진 마늘, 생강즙, 소금, 후추를 조금씩 나눠 넣어(돼지고기에만 간장 1/2작은술을 더 첨가) 밑간한다.

2. 3가지 소스 재료를 각각 섞어 소스를 만든다. 땅콩버터소스는 닭고기에, 스리라차 칠리소스는 돼지고기에, 피쉬소스는 새우에 곁들여 먹으면 잘 어울린다.

3. 팬을 달군 후 기름을 약간 두르고 밑간한 새우, 닭고기, 돼지고기 순으로 노릇하게 굽는다.

4. 그릇에 고기와 채소를 골고루 담고 소스를 곁들여 낸다. 뜨겁게 데운 물에 라이스페이퍼를 담갔다 건져서 부드러워지면 고기와 채소를 담고 소스를 뿌린 후 싸서 먹는다.

라이스페이퍼(월남쌈)
쌀로 만들어 종이처럼 얇고 쌈용으로 사용되는 만두피이다.

곰취 쌈밥

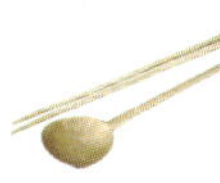

향이 좋은 곰취로 만든 쌈밥이에요. 곰취 대신 찐 양배추나 호박잎으로 쌈밥을 만들어도 맛있어요. 담백한 채소볶음을 곁들이면 다이어트 도시락으로도 좋아요.

재료		고기양념		쌈장	
곰취 40장		간장 2큰술, 다진 파 2큰술		다진 마늘 6쪽, 다진 파 2큰술	
밥 600g		다진 마늘 1큰술		다진 양파 2큰술, 참기름 1큰술	
쇠고기 200g		설탕 1큰술, 청주 1큰술		된장 3큰술, 고춧가루 1큰술	
표고버섯 2개		참기름 1큰술		멸치 육수(또는 물) 2큰술	
		깨소금 1큰술, 후추 약간		꿀 2작은술	
				구운 호두 또는 잣 1큰술	
				깨소금 1작은술	

만들기

1. 팬에 참기름을 1/2큰술 두르고 다진 마늘, 파, 양파를 넣어 고소한 향이 나게 충분히 볶다가 된장, 고춧가루, 멸치 육수를 넣어 볶듯이 섞어준다. 불을 끄고 꿀, 호두(또는 잣) 다진 것, 깨소금, 참기름 1/2큰술을 넣고 섞어서 쌈장을 완성한다.

2. 곰취는 한 장씩 깨끗이 씻는다. 끓는 물에 소금을 약간 넣어 1분 정도 데친 후 찬물에 헹궈 물기를 뺀다. 또는 김 오른 찜기에 담아 5분 정도 찐 후 식힌다.

3. 쇠고기와 버섯은 잘게 다진 후 고기 양념에 버무려 물기 없이 볶는다.

4. 밥에 볶은 고기를 넣고 소금, 후추, 참기름을 약간 넣어 섞어준 후 한입 크기의 초밥 형태로 빚는다.

5. 곰취 한 장에 밥을 올리고 쌈장을 약간 발라준 후 감싸서 쌈밥을 만든다.

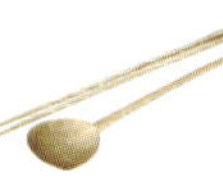

당면 대신 말린 묵으로 만든 잡채예요.

묵은 대표적인 저칼로리 식품이어서 반찬이나 샐러드 등에 다양하게 활용하면

다이어트에 많은 도움을 주죠. 고소하고 꼬들꼬들한 식감이 좋은

말린 묵잡채도 그 중 하나예요.

재료	말린 묵 100g
	쇠고기(또는 돼지고기) 100g
	표고버섯 2개, 양파 1/2개
	당근 1/6개
	피망(빨강, 노랑, 녹색) 1/2개씩
	쪽파(또는 부추) 30g

고기 밑간	소금 1/4작은술
	청주 1작은술
	다진 마늘 1작은술
	후추 약간

전체 양념	간장 1큰술, 설탕 1큰술
	다진 마늘 1큰술
	참기름 1큰술, 통깨 1큰술
	소금, 후추 약간씩

재료준비 | 모든 재료는 말린 묵과 비슷한 크기로 채썬다.

만들기

1. 묵을 냄비에 담고, 잠길 정도로 물을 부어서 2~3분 정도 끓여준 후 불을 끄고 그대로 식혀 불린다. 묵을 체에 밭쳐 물기를 제거한다.

2. 채썬 쇠고기는 소금, 청주, 다진 마늘, 후추를 넣고 버무려 밑간한다.

3. 팬에 오일을 1큰술 정도 두르고 양파, 당근을 넣어 볶다가 고기, 버섯 순으로 넣어 볶는다.

4. 묵과 피망을 넣어 볶는다.

5. 쪽파(또는 부추)와 전체 양념 재료를 넣어 섞은 후 불을 끈다. 모자란 간은 소금, 후추로 한다.

간단한 한 끼 주먹밥

산들산들 부는 바람이 기분 좋은 봄, 가을이 되면 가까운 곳으로 나들이를 갑니다.

그때 자주 만드는 메뉴가 주먹밥이에요.

만들기도 간단하고, 가방에 넣어 들고 가기도 편하죠.

가족들과 함께 시원한 야외에서 나눠 먹는 주먹밥은 정말 꿀맛이에요.

[우엉불고기볶음 주먹밥]

쇠고기와 우엉을 간장 불고기 양념으로 볶아 만든, 누구나 좋아할 맛의 주먹밥
이다.

재료 다진 쇠고기 100g, 다진 우엉 30g, 다진 양파 30g
다진 표고버섯 1/2개, 밥 1공기, 간장 1/2큰술, 설탕 1작은술
참기름 1/2큰술, 통깨 1/2큰술, 소금, 후추, 구운 김 약간씩
고기양념 간장 1큰술, 꿀(또는 설탕) 1/2큰술, 청주 1큰술, 다진 파 1큰술
다진 마늘 1/2큰술, 참기름 1/2큰술, 깨소금, 후추 약간씩

만들기
1. 팬에 오일을 약간 두르고 다진 우엉과 양파를 넣어 볶다가 양념한 쇠고기와 버섯
   을 넣어 볶는다.
2. 밥, 간장, 설탕, 참기름, 통깨를 넣어 볶는다. 부족한 간은 소금, 후추로 맞춘다.
3. 식힌 후 한입 크기로 쥐어 주먹밥을 만들고, 구운 김가루를 겉면에 묻힌다.

[멸치 주먹밥]

아이들이 반찬으로는 잘 먹지 않는 멸치지만 주먹밥을 만들면 인기 만점이다.
부족하기 쉬운 칼슘 섭취에 좋다.

재료 밥 1인분, 맛김가루 2큰술, 통깨 1작은술, 참기름 1작은술
멸치 볶음 볶음용 멸치 100g, 약고추장(145페이지 참고) 2큰술, 고추장 3큰술
매실청 2~3큰술, 깨소금 1큰술

만들기
1. 멸치를 체에 받쳐 씻은 후 물기를 제거하고 달군 팬에 물기 없이 보슬보슬
   하게 볶는다. 약고추장, 고추장, 매실청을 넣어 섞어가며 볶는다. 깨소금을
   뿌려 마무리한다.
2. 밥에 볶은 멸치 적당량, 맛김가루, 통깨, 참기름을 넣어 섞은 후 주먹밥을
   만든다.

맛김가루
재료 김 3장, 참기름(또는 들기름) 1/2큰술, 설탕 1/2작은술
통깨 1작은술, 소금 2pinch(엄지와 검지로 살짝 집어서)
만들기 1. 김을 불에서 직화로 구운 후 봉지에 넣어 부수거나 믹서에 넣어 간다.
2. 팬을 약불로 달군 후 부순 김, 참기름, 설탕, 소금을 넣어 섞는다. 설탕, 소금이 녹지 않
   도록 약불에서 잠깐만 섞어준다. 통깨를 넣어 섞어서 마무리한다.

[김치 주먹밥]

돼지고기 김치볶음을 넣어 새콤달콤하게 만든 주먹밥이다.

재료 │ 다진 돼지고기 120g, 다진 김치 100g, 다진 양파 30g, 밥 1인분
　　　다진 깻잎 5장, 참기름 2작은술, 깨소금 2작은술, 소금 약간
　　　돼지고기 양념 고추장 1큰술, 고춧가루 1작은술, 설탕 1/2큰술
　　　청주 1큰술, 다진 파 1큰술, 다진 마늘 1작은술, 생강즙 1/2작은술
　　　참기름 1작은술, 후추 약간

만들기 │ 1. 돼지고기는 양념에 조물조물 무친다.

2. 달군 팬에 돼지고기를 넣어 볶다가 다진 김치, 양파를 넣어 물기 없이 볶은
　 후 참기름 1작은술, 깨소금 1작은술을 넣어 섞는다.

3. 밥에 다진 깻잎, 참기름 1작은술, 깨소금 1작은술, 소금을 넣고 섞어 밑간한
　 후 한입 크기로 쥐고 가운데에 김치볶음을 넣어 주먹밥을 만든다. 또는 모
　 든 재료를 한꺼번에 넣고 섞어 주먹밥을 만든 후 구운 김으로 감싼다.

[달걀 주먹밥]

냉장고 속에 흔히 있는 재료로 간단하게 만들 수 있는 달걀 주먹밥이다. 담
백하고 고소한 맛이 입맛을 당긴다.

재료 │ 달걀 1개, 마늘 2쪽, 대파 1/3대, 표고버섯 1개, 포도씨오일 1큰술
　　　밥 1인분, 송송 썬 부추(또는 쪽파) 1큰술, 다진 깻잎 3장
　　　깨소금 1/2큰술, 참기름 1/2큰술, 소금, 후추 약간씩

만들기 │ 1. 팬에 오일을 두르고 편썬 마늘, 다진 대파, 마늘과 비슷한 크기로 썬 표고
　 버섯을 넣어 볶는다. 볶은 채소를 팬 한쪽으로 밀어 놓고, 달걀을 넣어 스
　 크램블하듯 저어가며 익힌 후 채소와 섞는다. 소금, 후추로 간한다.

2. 밥에 볶은 달걀과 채소를 넣고 송송 썬 부추, 다진 깻잎, 깨소금, 참기름,
　 소금, 후추를 넣어 잘 섞는다. 한입 크기로 쥐어 주먹밥을 만든다.

[매실 주먹밥]

새콤달콤하게 절인 매실 피클을 넣어 만든 주먹밥은 쉽게 상하지 않아 여름철 도시락으로 만들면 좋다.

재료 | 매실 피클 60g, 호두(또는 잣, 해바라기씨 등) 1큰술, 깨 1큰술
참기름 1큰술, 밥 1인분, 소금 약간

만들기
1. 매실 피클과 호두는 잘게 다진다.
2. 밥에 재료를 넣어 잘 섞는다.
3. 한입 크기로 뭉쳐 주먹밥을 만든다. 곰취 장아찌의 물기를 꼭 짠 후 주먹밥을 감싸 쌈밥을 만들어도 맛있다.

> **매실 피클 만들기**
> 씨를 제거하고 4등분한 매실 500g에 천일염 3큰술을 뿌려 하룻밤 절인 후 물기를 따라낸다. 황설탕 350~400g 정도를 넣어 버무린 후 밀폐용기에 눌러 담아 냉장고에서 한 달 이상 절인다. 소스나 드레싱, 주먹밥, 반찬 등으로 다양하게 활용할 수 있다.

[주먹밥 구이]

밥새우볶음을 넣어 고소한 맛이 일품인 주먹밥이다. 달콤한 간장 소스를 발라 노릇하게 구워 씹히는 맛을 살렸다.

재료 | 밥 1인분, 깻잎 4~5장, 참기름 1/2큰술
밥새우 볶음 밥새우(또는 잔멸치) 50g, 다진 마늘 1/2큰술, 간장 1작은술
설탕 1작은술, 흰깨 1작은술, 검은깨 1작은술, 구운 김가루 1~2큰술
포도씨오일 1큰술, 파슬리, 소금, 후추 약간씩
소스 간장 1/2큰술, 미림 1작은술, 설탕 1작은술

만들기
1. 약불로 달군 팬에 오일을 두르고 다진 마늘을 넣어 볶다가 밥새우를 넣어 바삭하게 볶는다. 간장, 설탕, 소금, 후추로 간하고 깨, 김가루, 파슬리를 넣어 섞는다.
2. 밥에 밥새우볶음 적당량, 다진 깻잎, 참기름을 넣어 잘 섞은 후 주먹밥을 만든다.
3. 기름을 약간 두른 팬에서 주먹밥을 노릇하게 굽는다.
4. 소스를 전자레인지에 살짝 돌려 설탕을 녹인 후 주먹밥 양면에 발라 소스가 배어들도록 잠시 굽는다. 간장소스는 잘 타므로 주의한다.

간식이나 달콤한 디저트가 주는 맛에 대한 기억은 어떤 음식보다도 큰 것 같아요. 어렸을 적 크리스마스이브에 아빠가 사주셨던 빵, 과자, 케이크에 대한 맛과 추억, 친구들과 방과 후에 사먹던 군것질거리에 대한 그리움, 엄마와 달걀 거품을 한껏 내가며 만들었던 폭신한 카스텔라와 함께 기억되는 평화로운 주말의 느낌은 지금도 문득문득 생각나 코끝을 간질입니다. 그때보다 훨씬 맛있는 간식과 디저트가 넘쳐나지만 추억 속에 살아 있는 달콤한 그 맛과 비교할 수는 없죠. 가족들의 달콤한 추억이 되어줄 맛있는 간식과 디저트를 집에서도 만들어보세요.

Part 05

밥이 되는 간식과 스위츠 메뉴

호박범벅

늙은 호박이나 단호박을 무르게 삶아 끓이다가
삶은 팥과 콩, 찹쌀가루 등을 넣어 쑨 죽이에요. 달콤하고 부드러우면서도
씹히는 맛이 있고, 정겹고 소박한 느낌을 주는 음식이에요.

재료
단호박 1개(또는 비슷한 양의 늙은 호박)
팥 1/4컵, 밤 6개, 대추 3개, 물 5컵
찹쌀가루 2~3큰술, 꿀 2~3큰술
소금 1/3작은술, 잣 약간

만들기

1. 팥은 깨끗하게 씻어서 팥이 충분히 잠길 정도의 물을 부어 팔팔 끓으면 그 물을 따라 버린다. 다시 5배의 물을 붓고 끓여 터지지 않고 부드럽게 익도록 삶는다.

2. 밤은 껍질을 벗긴 후 크기에 따라 1/4~1/2등분하여 모서리를 다듬고, 대추는 씨를 제거한 후 잘게 썬다.

3. 단호박은 전자레인지에 15분 정도 돌려 익히거나 찜기에 쪄서 익힌 후 살만 발라낸다.

4. 냄비에 단호박과 물을 담아 잘 섞어 끓이다가 삶은 팥, 밤, 대추를 넣어 재료가 부드럽게 익을 때까지 푹 끓인다.

5. 재료가 잘 어우러지게 익으면 찹쌀가루를 뿌려 대충 섞어 익힌 후 꿀, 소금으로 간한다. 그릇에 호박범벅을 담고 대추꽃, 잣으로 장식한다. 입맛에 따라 난맛을 조절하도록 꿀(또는 조청)을 곁들여 낸다.

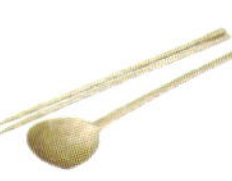

단팥죽

팥을 넣고 달콤하게 끓인 죽이에요. 한겨울 출출할 때 간식으로 그만이지요. 삶은 팥을 체에 내리는 과정이 힘들고 번거로운데 믹서에 살짝 갈아준 후 내리면 편하게 만들 수 있어요.

재료 | 팥 1컵, 물 6컵, 설탕 3큰술
찹쌀가루 3큰술, 꿀 2큰술
소금 1/4작은술, 계피가루 약간

만들기

1. 팥은 깨끗하게 씻은 후 냄비에 담고 충분히 잠길 정도의 물을 부어 한소끔 끓으면 그 물을 따라 버린다. 그리고 다시 물 4컵을 부어 푹 무르도록 40~50분 정도 끓인다.

2. 삶은 팥에 물 1컵을 부어 믹서에 살짝 갈아준 후 체에 곱게 내려 냄비에 담는다.

3. 설탕, 찹쌀가루, 물 1컵을 잘 섞어서 팥에 넣은 후 저어가며 잠시 더 끓인다. 팥죽이 걸쭉하게 익으면 꿀, 소금, 계피가루를 넣어 섞고 불을 끈다. 소금을 아주 조금 넣어주면 단맛이 더 강해진다.

4. 그릇에 담고 밤조림, 대추, 잣, 찹쌀떡 등을 고명으로 올린다.

밤조림
밤(10개)은 껍질을 벗겨 다듬고 물 1컵, 설탕 30g과 함께 냄비에 담아 부드럽게 익힌 후 그대로 담가 식힌다. 밀폐용기에 담아 냉장보관한다.

떡잡채

당면 대신 가래떡을 넣어 만든 잡채예요. 따로 양념하고 볶아 간이 잘 배어든 다양한 재료의 맛을 조화롭게 느낄 수 있는 것이 잡채의 매력이지요. 여기에 달짝지근하면서 쫀득하게 씹히는 가래떡이 더해져서 젓가락이 멈출 줄을 몰라요.

재료 가래떡 300g, 쇠고기 150g
표고버섯 2장, 오이 1/2개
당근 1/4개, 양파 1/2개
느타리버섯 10개, 목이버섯 4개
잣가루 1큰술

양념 **떡 양념** 간장 1작은술, 참기름 1작은술, 설탕 1/2작은술
쇠고기 양념 간장 1큰술, 설탕 1/2큰술, 다진 파 1큰술
다진 마늘 1/2큰술, 청주 1큰술, 참기름 1/2큰술
깨소금 1작은술, 후추 약간
목이버섯 양념 다진 파 1작은술, 다진 마늘 1/2작은술
참기름 1/2큰술, 소금 약간
잡채 양념 설탕 1작은술, 참기름 2작은술
깨소금 1작은술, 소금, 후추 약간씩

재료준비

1. 모든 재료는 채썬다.
2. 목이버섯은 물에 담가 불린다.

만들기

1. 부드러운 떡은 그대로 쓰고, 굳은 떡은 물에 담가 불린다. 끓는 물에 넣어 부드럽게 데친 후 물기를 제거하고 떡 양념에 버무린다.
2. 오이는 소금 1/4작은술을 뿌려 잠시 절인 후 물기를 짜고 오일을 두른 팬에 볶는다. 당근, 양파도 오일을 두른 팬에 볶고 소금으로 간한다.
3. 느타리버섯은 센 불에서 물기가 생기지 않게 볶고 소금으로 간한다. 불린 목이버섯은 딱딱한 부분을 제거하고 먹기 좋게 찢은 후 버섯 양념에 버무려 볶는다.
4. 쇠고기와 표고버섯은 고기 양념을 넣어 버무린 후 볶는다.
5. 고기를 볶은 팬에 가래떡을 넣어 살짝 볶는다.
6. 볶은 재료에 잡채 양념을 넣어 버무린다. 잡채를 그릇에 담고 잣가루를 뿌린다.

참치 김밥과 김치 어묵탕

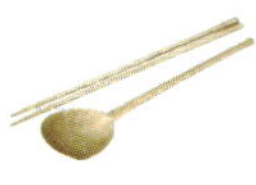

엄마의 김밥은 늘 김치 어묵탕과 함께 식탁에 올랐죠.
그 맛에 익숙해져 저도 김밥을 만드는 날에는 어김없이
김치 어묵탕을 끓인답니다. 매콤하고 시원한 김치 어묵탕과 김밥의 조화
그 맛이 상상이 되시죠?

재료	캔 참치 400g, 양파 1/2개
	오이 1개, 단무지 4줄, 깻잎 8장
	슬라이스 치즈 4장, 밥 4인분
	김치어묵탕 멸치 다시마 육수 3컵
	김치 120g, 어묵 1장, 대파 1/2대
	국간장 1작은술, 소금, 후추 약간씩

양념	**참치 양념**
	마요네즈 4큰술, 소금, 후추 약간씩
	밥 양념
	참기름 1큰술, 매실청 1/2큰술
	소금, 후추 약간씩

재료준비

1. 참치는 여분의 기름을 제거한다.
2. 양파는 잘게 다진 후 찬물에 잠시 담가 아린 맛을 제거하고 체에 밭쳐 물기를 제거한다.
3. 오이는 반으로 갈라 씨를 제거한 후 채썬다.
4. 치즈는 반으로 자른다.

만들기

1. 밥은 밥 양념을 넣고 섞어 밑간한다.
2. 참치, 다진 양파에 참치 양념을 넣어 잘 섞는다.
3. 김발 위에 김을 올리고 밥을 펼쳐 깔아준 후 깻잎 2장, 치즈, 단무지, 오이, 참치 순으로 올려 말아준다.
4. 김밥에 참기름을 살짝 발라준 후 먹기 좋은 크기로 썬다.
5. 김치어묵탕 재료를 냄비에 담아 3분 정도 끓인다. 김밥과 김치어묵탕을 함께 곁들여 낸다.

떡볶이

국민 간식인 매콤달콤한 떡볶이에 삶은 달걀, 쇠고기, 아스파라거스 등을 넣어서
영양적인 균형을 맞춰 보았어요. 이렇게 재료를 풍부하게 넣어 만들면
색다른 맛을 느낄 수도 있고 한 끼 식사로도 손색이 없어요. 관자, 오징어 등의 해물이나
고구마, 단호박 등을 넣어도 맛있고 근사한 떡볶이를 만들 수 있답니다.

재료	가래떡 360g, 어묵 2장	떡볶이소스	멸치 육수 2컵, 고추장 2큰술
	쇠고기(스테이크용 안심, 등심 등) 150g		고춧가루 3큰술, 국간장 2/3작은술
	달걀 4개, 양파 1/2개, 양배추 80g		춘장 1/2작은술, 설탕 1큰술
	대파 1대, 아스파라거스 2개		조청 2큰술, 다진 마늘 2쪽
	옥수수콘 30g, 깻잎 6장		후추 약간

재료준비

1. 모든 재료는 먹기 편한 크기로 썬다.
2. 가래떡과 어묵은 끓는 물에 데친 후 찬물에 헹구고 물기를 제거한다.
3. 달걀은 삶은 후 껍질을 벗긴다.

만들기

1. 쇠고기는 두께 5mm 정도의 스테이크용으로 준비해서 소금, 후추로 밑간하여 구운 후 먹기 좋은 크기로 썬다.
2. 팬에 떡볶이소스 재료를 잘 풀어서 한소끔 끓인다.
3. 가래떡, 양파, 양배추, 대파를 넣어 떡이 부드러워질 때까지 끓인다.
4. 어묵, 아스파라거스, 옥수수콘을 넣어 잠시 더 조리듯이 끓인다.
5. 삶은 달걀, 쇠고기, 깻잎을 넣어 마무리한다.

연한 쪽파 위에 푸짐한 해물을 가득 올려 노릇하게 구운 전이에요. 일반 파전과는 달리 쌀가루로 반죽을 만들어 겉은 바삭하지만 속은 쫀득하고 부드러운 동래파전 스타일로 만들어 봤어요.

재료 | 굴 200g, 새우 50g, 대합(또는 바지락 등 조개살) 150g

홍합 50g, 오징어 50g, 쪽파 200g, 미나리(또는 부추) 50g, 달걀 2개

반죽 멥쌀가루(또는 밀가루, 부침가루) 1컵, 찹쌀가루 1/3컵

다시마 멸치 육수 1½컵, 달걀 1개, 고추장 1작은술

고춧가루 1작은술, 소금 1작은술, 후추 약간

초간장 | 간장 1큰술, 물 1/2큰술

식초 1작은술, 설탕 1/2작은술

다진 파 1작은술, 다진 마늘 1/2작은술

고춧가루 1/2작은술(또는 다진 청양고추 1개)

깨소금 1/2작은술

초고추장 | 고추장 2큰술, 간장 1/2작은술

식초 1큰술, 설탕 1큰술

배즙 1/2큰술, 매실청 1/2큰술

마늘즙 1/2작은술, 깨소금 1작은술

만들기

1. 굴, 새우 등 해물 재료는 잘 손질하여 물기 없이 준비한다.

2. 반죽 재료를 잘 섞는다(좀 더 바삭한 맛을 원하면 밀가루나 부침가루를 섞어서 만든다).

3. 쪽파와 미나리는 전의 지름에 맞춰 자른다.

4. 팬을 달군 후 기름을 넉넉히 두르고 쪽파와 미나리를 올린다. 쪽파가 서로 떨어지지 않고 잘 붙을 수 있도록 반죽을 적당량 떠 얹는다. 해물을 그 위에 올리고 반죽을 약간 더 얹어준다. 한쪽 면이 노릇하게 익으면 뒤집어 다른 쪽을 익힌다. 다시 한 번 뒤집어서 달걀을 풀어 윗면에 발라준 후 뚜껑을 덮어 마저 익힌다.

5. 전을 그릇에 담고 초간장이나 초고추장을 곁들여 낸다.

납작만두

양배추와 약간의 당면을 넣어 납작하게 눌러 구운 만두예요.
어렸을 적 학교 앞 군것질거리 중 하나였는데 간장 양념을 끼얹어 먹는
고소한 그 맛을 지금도 잊지 못해요. 맛있고 다양한 간식이 넘쳐나는
요즘에도 가끔 생각나는 추억의 음식이에요.

재료	양배추 60g, 양파 15g	양념간장	간장 2큰술
	당면 10g, 당근 5g. 부추 5g		다시마 육수 3큰술
	반죽		고춧가루 1작은술
	밀가루 1컵, 다시마 멸치 육수 1½컵		통깨 1작은술, 양파 1/8개
	소금 약간		대파 1/4대, 청양고추 1/2개

재료준비

1. 양배추, 양파, 당근은 잘게 채썬다. 부추는 비슷한 길이로 자른다.

2. 당면은 물에 담가 불린 후 다른 재료와 비슷한 길이로 자른다.

3. 양념간장 재료에 들어가는 양파는 잘게 썰고, 대파, 청양고추는 어슷썬다.

만들기

1. 양배추는 찬물에 담갔다가 체에 밭쳐 물기를 제거한다. 당면은 끓는 물에 부드럽
   게 데치고 찬물에 헹군 후 물기를 제거한다.

2. 반죽 재료를 섞어 덩어리 없이 잘 푼다.

3. 양념간장 재료를 섞는다.

4. 팬을 달군 후 기름을 얇게 두르고 반죽을 한 국자 떠서 얇게 펼친다. 반죽의 반쪽
   에 양배추, 양파, 당면, 당근, 부추를 담는다.

5. 반죽이 어느 정도 익으면 나머지 반쪽으로 덮어 눌러서 납작하게 붙인 후 노릇해
   질 때까지 굽는다.

6. 납작만두를 그릇에 담고 양념간장을 뿌려 먹는다.

<table>
<tr><td rowspan="7">재료</td><td>골뱅이 1캔(250g) 또는 생골뱅이 200g</td><td rowspan="7">양념</td><td>고춧가루 3큰술, 고추장 1큰술</td></tr>
<tr><td>북어포(또는 오징어채) 30~40g</td><td>간장 1/2큰술, 식초 2큰술</td></tr>
<tr><td>대파 1대, 양상추 3장, 양파 1/4개</td><td>설탕 2큰술, 꿀 1/2큰술</td></tr>
<tr><td>오이 1/2개, 배 1/4개, 깻잎 5장</td><td>매실액 1큰술, 다진 마늘 1큰술</td></tr>
<tr><td>쑥갓(또는 미나리) 3줄기</td><td>깨소금 1큰술, 참기름 2작은술</td></tr>
<tr><td>청 · 홍고추 1/2개씩</td><td>소금, 후추, 통깨 약간씩</td></tr>
<tr><td>소면(또는 생면, 당면 등) 100g</td><td></td></tr>
</table>

골뱅이 무침

골뱅이와 채소를 매콤하게 무친 요리예요.

술안주로 그만이죠.

생골뱅이를 사다가 직접 삶아서 만들면 더 맛있어요.

재료준비

1. 대파, 양상추, 양파는 채썬다.

2. 오이는 채썰거나 반으로 갈라 어슷썬다. 배, 깻잎은 채썬다.

3. 쑥갓(또는 미나리)은 다른 재료와 비슷한 길이로 썰고, 고추는 채썰거나 어슷썬다.

만들기

1. 양념 재료는 미리 섞어 놓는다.

2. 끓는 물에 청주 1~2큰술을 넣고, 골뱅이를 넣어 데친다(캔 골뱅이는 30초 정도, 생골뱅이는 3~5분 정도). 체에 밭쳐 찬물에 헹군 후 물기를 제거한다. 생골뱅이는 껍질에서 살을 빼내고 내장을 제거한다.

3. 북어포는 체에 밭쳐 흐르는 물에 씻은 후(잠시 씻어주면 부드럽게 불려진다) 물기를 제거한다.

4. 채썬 대파, 양상추, 양파는 찬물에 담기됐다가 물기를 제거한다.

5. 준비한 모든 재료에 양념을 넣어 무친다.

6. 골뱅이 무침을 그릇에 담고 통깨를 뿌린다. 삶은 소면을 곁들인다.

● 소면(생면) 80g, 당면 20g을 준비해 각각 삶아 익힌 후 당면은 골뱅이 재료와 함께 무치고, 소면은 곁들여 내도 좋다.

반죽 강력분 200g, 물 60ml, 우유 40ml, 생이스트 10g(또는 드라이 이스트 5g)

설탕 1큰술, 소금 4g, 달걀 1/2개, 버터 20g, 다진 깻잎 12장

속 감자(큰 사이즈) 1개, 달걀 2개, 다진 쇠고기 100g, 양파 1/2개, 당근 1/5개

부추 6줄기, 청양고추 2개, 깻잎 10장, 마요네즈 2~3큰술, 소금, 후추 약간씩

빵가루 식빵 4쪽, 깻잎 12장, 소금 약간

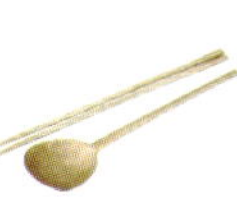

깻잎 고로케 (8개)

깻잎을 넣어 만든 고로케예요. 은은한 깻잎 향이 고로케의 느끼함을 잡아주고 산뜻한 맛을 더해줘요. 오븐에서 구워 좀 더 담백하게 만들어 보았어요.

재료준비

1. 속 재료인 감자와 달걀은 각각 삶아서 으깬다.

2. 양파, 당근, 부추, 청양고추, 깻잎은 각각 다진다.

3. 빵가루 재료인 식빵과 깻잎은 푸드 프로세서에 넣고 간다.

4. 강력분은 체에 친다.

만들기

1. 반죽 재료를 잘 섞어 15분 정도 끈기가 생기도록 충분히 치댄다. 보드라운 질감의 공 모양으로 만들어지면 덧가루를 뿌린 그릇에 담는다. 젖은 면보나 랩을 살짝 씌워 30℃ 정도의 실온에서 크기가 2배 정도로 부풀도록 1시간 정도 발효시킨다.

2. 팬에 기름을 약간 두르고 다진 양파, 당근, 쇠고기를 넣어 볶는다. 소금, 후추로 간한다.

3. 준비한 속 재료를 모두 섞는다.

4. 2배로 부푼 반죽을 주물러 기포를 없앤다. 45g씩 나눠 작은 공 모양으로 둥글려 15분 정도 중간 발효시킨다.

5. 반죽을 밀대로 밀고, 가운데에 속 재료를 듬뿍 올린 후 오므려서 타원형이나 원 모양으로 빚는다.

6. 반죽 겉면에 달걀물을 살짝 바르고 빵가루를 듬뿍 묻힌 후 40분 정도 2차 발효시킨다(튀기지 않고 오븐에 구울 경우에는 빵가루에 오일 3~4큰술을 뿌려 골고루 섞은 후 반죽에 묻힌다).

7. 180℃ 기름에서 2~3분 정도 골고루 튀긴다. 또는 180℃로 예열한 오븐에서 15~20분 정도 굽는다.

① ② ③ ④

재료	바게트 작은 사이즈 1개

마늘 버터

버터 30g, 다진 마늘 2쪽

다진 파슬리나 바질 1작은술

꿀 1큰술, 소금, 후추 약간씩

재료준비

1. 버터는 실온에 잠시 두어 부드러운 상태로 만들어준다.

2. 마늘은 잘게 다지거나 간다.

3. 오븐은 180~200℃로 예열한다.

만들기

1. 마늘버터 재료를 잘 섞는다.

2. 바게트를 1~1.5cm 두께로 비스듬히 썰어서 마늘버터를 발라준다.

3. 180~200℃로 예열한 오븐에서 5~7분간 굽는다.

4. 마늘바게트를 그릇에 담고 샐러드나 파스타 등을 곁들여 먹는다.

바질 페스토 바게트

생바질 20g, 파마산 치즈 1큰술, 잣 1큰술, 마늘 1쪽, 오일 1/4컵, 소금 1/4 작은술, 후추 약간을 푸드 프로세서에 넣고 갈아준 후 바게트에 발라 구우면 바질 향이 은은한 바질 페스토 바게트를 만들 수 있다. 샐러드, 파스타에 곁 들이면 잘 어울린다.

시리얼바 (2×8cm 크기 / 18개)

통곡물 시리얼, 견과류, 건과일을 강정처럼 만들어 굳힌 후 막대 모양으로 잘라서 초콜릿을 묻힌 스낵이에요. 바삭하고 고소하고 달콤해서 나른한 오후의 간식으로 좋아요.

재료		소스	
통곡물 시리얼 1컵		버터 1큰술	
아몬드, 땅콩 등 견과류 1컵		설탕 1½큰술	
블루베리 등 건과일 1/4컵		조청 1큰술	
다크 초콜릿(또는 밀크 초콜릿) 150g		꿀 1큰술	

만들기

1. 아몬드, 땅콩 등의 견과류는 체에 밭쳐 씻은 후 약불로 달군 팬에 넣어 고소한 향이 나게 굽는다. 식힌 후 잘게 다진다.

2. 팬을 달군 후 소스 재료를 넣어 보글거리기 시작하면 시리얼, 견과류, 건과일을 넣고 1분 정도 섞어 소스 재료가 골고루 묻어 덩어리지게 만든다.

3. 15cm 틀에 오일을 바르고 유산지 위에 올린 후 2를 쏟아 붓고 윗면을 편편하게 다듬어 굳힌다.

4. 빵 칼로 2×8cm 정도의 먹기 편한 크기로 자른다.

5. 중탕으로 녹인 초콜릿(또는 전자레인지에 넣고 30초~1분 정도 돌려 녹인다)을 시리얼바에 뿌리거나 묻혀 굳힌다.

통곡물 시리얼
시리얼의 종류가 다양해져서 현미, 수수, 밀 등을 모양 그대로 구워 만든 담백한 웰빙 제품이 많아졌다. 이런 종류의 시리얼로 시리얼바를 만들어두면 식사대용이나 아이들 간식으로 좋다.

h Past Big Ben
London
Transport
Big Red Buses rush
Rush Past Big Ben

씨앗호떡 (6~7개)

설탕이 꿀처럼 흘러내리는 군침 도는 호떡에 견과류를 넣어 영양과 맛을 더했어요. 쫀득하고 달콤한 호떡 사이로 고소하게 씹히는 견과류 맛이 정말 꿀맛 같아요.

재료

호떡 반죽 밀가루 160g, 찹쌀가루 60g, 탈지분유 20g, 생이스트 12g(또는 드라이 이스트 6g)
우유 160ml, 설탕 2작은술, 검은깨 1작은술, 흰깨 1작은술, 버터 2작은술, 소금 약간
속 황설탕 5큰술, 볶은 콩가루 1큰술, 코코아가루 1/2작은술, 시나몬 가루 1/2작은술, 흰깨 1큰술
씨앗 토핑 해바라기씨, 호박씨, 땅콩, 아몬드, 호두 등 견과류 100g, 건블루베리 10g, 설탕 2큰술

재료준비

1. 우유를 미지근하게 데운 후 이스트를 넣고 잘 풀어 10분 정도 둔다.

2. 버터는 녹인다.

3. 견과류는 다진다.

4. 밀가루, 찹쌀가루, 탈지분유는 체에 내린다.

만들기

1. 녹인 버터를 제외한 호떡 반죽 재료를 잘 섞어 한 덩어리가 되면 버터를 넣어 섞는다. 랩을 씌워 30℃ 정도 되는 실온에서 1시간 정도 발효한다.

2. 속 재료를 잘 섞는다.

3. 팬을 약불로 달군 후 견과류를 넣어 고소한 향이 날 때까지 볶는다. 한김 식히고 건블루베리, 설탕을 넣어 섞어서 접시에 펼쳐 담아놓는다.

4. 부푼 반죽의 가스를 빼고 60g 정도씩 떼어서 속 재료를 1~2스푼 정도 넣고 감싼다.

5. 달군 팬에 기름을 넉넉히 두르고 호떡을 올려 지진다. 한쪽 면이 다 익으면 뒤집어서 반죽을 납작하게 눌러준다.

6. 뜨거운 호떡을 씨앗 토핑 위에 올려 듬뿍 묻히거나 호떡 가운데를 살짝 갈라서 씨앗 토핑을 채워 넣는다.

크로캉 (지름 5cm / 12개)

달걀흰자와 견과류로 만든 달콤한 쿠키예요. 재료를 섞어주기만 하면 되니까 만들기가 정말 쉬워요. 고소하고 바삭해서 입이 심심할 때 생각나는 과자랍니다.

재료	달걀흰자 30g, 슈가 파우더 100g
	박력분 30g, 바닐라 엑스트랙트 약간
	아몬드, 헤이즐넛 등 견과류 160g

만들기

1. 아몬드, 헤이즐넛, 캐슈넛 등의 견과류는 약불로 달군 팬이나 180℃로 예열한 오븐에서 5분 정도 고소하게 굽는다. 통으로 사용하거나 2~3등분으로 잘라서 사용한다.

2. 달걀흰자에 슈가 파우더를 넣어 잘 섞어 녹인 후 체로 친 박력분과 바닐라 엑스트랙트를 넣어 섞는다(박력분 30g 대신 박력분 27g과 커피가루 또는 코코아가루 3g을 넣어도 된다).

3. 구운 견과류를 넣어 섞는다.

4. 유산지를 깐 오븐팬에 한 수저씩 간격을 두고 떠 놓는다.

5. 150℃로 예열한 오븐에서 15~20분간 굽는다. 꺼내서 한김 식힌 후 유산지에서 떼어내고 식힘망에 올려 식힌다.

아몬드 허니 브레드
(1개)

두툼한 식빵에 버터와 꿀을 발라 오븐에서 구운 토스트예요.
겉은 달콤하고 바삭하며 속은 부드럽고 촉촉해서 녹는 듯해요.
식빵과 꿀로 손쉽게 카페 스타일의 맛있는 간식을 만들어 보세요.

재료
통 식빵(4cm 두께) 1개
꿀 2큰술, 버터 30g
갈색설탕 1큰술
아몬드 슬라이스 1큰술
시나몬 파우더 약간

만들기

1. 식빵에 1.5cm 간격으로 가로, 세로 칼집을 넣는다.

2. 칼집 사이사이에 꿀을 뿌려주고 시나몬 파우더를 살짝 뿌린다.

3. 실온에 두어 부드러워진 버터를 겉면에 골고루 바르고 설탕을 솔솔 뿌린다.

4. 아몬드 슬라이스를 뿌리고 여분의 설탕을 약간 뿌려준다.

5. 180℃로 예열한 오븐에 넣어 8~10분 정도 윗면이 노릇해지게 굽는다. 따뜻할 때
   캐러멜 시럽을 뿌리고 생크림(또는 아이스크림)을 올려 함께 먹으면 더 맛있다.

재
료

강력분 125g, 달걀 5개

갈색설탕 125g, 소금 1/4작은술

에스프레소 추출액 2½큰술

꿀 2큰술, 커피술 1큰술

커피가루 5큰술

에스프레소 카스텔라

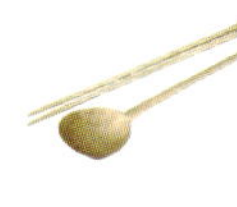

달콤하고 촉촉하면서도 쫀득한 식감이 있는 일본식 카스텔라에 에스프레소를 넣어 커피 향이 진하게 느껴지는 카스텔라를 만들었어요. 선물하기에도 좋고 차 한 잔과 함께 즐기기에 좋은 간식이에요.

재료준비

1. 강력분을 2~3번 정도 체에 친다.
2. 달걀은 흰자와 노른자로 분리해서 각각 큰 그릇에 담는다.
3. 설탕과 소금은 믹서에 넣어 곱게 간다.
4. 에스프레소, 꿀, 커피술, 커피가루를 잘 섞는다.
5. 오븐은 180℃로 예열한다.

만들기

1. 달걀노른자에 갈아놓은 설탕(재료 준비 3)의 1/2 분량을 2~3회 나눠 넣어가며 휘핑하여 연한 크림색이 되게 한다. 따뜻한 물 위에 올려 중탕하듯이 데워가며 휘핑하면 잘 된다.
2. 달걀흰자에 나머지 설탕을 넣어 80% 정도 거품을 낸다.
3. 1의 노른자에 섞어둔 에스프레소액(재료 준비 4)을 넣어 섞는다.
4. 강력분의 2/3 정도의 양을 넣어 마른 가루가 보이지 않게 섞는다.
5. 휘핑한 흰자의 1/3 정도를 넣어 섞은 후 남은 강력분을 넣어 섞고 다시 휘핑한 흰자의 나머지를 넣어 섞는다. 올린 거품이 죽지 않도록 알뜰주걱으로 아래에서 위로 떠올리듯이 섞는다.
6. 유산지를 깐 팬에 반죽을 부어 담고(높은 곳에서 부어서 잔거품이 안 생기도록 한다) 팬을 살짝 들었다 떨어뜨린 후 주걱으로 반죽을 저어서 잔거품을 없앤다.
7. 180℃로 예열한 오븐에서 10분 정도 구워서 윗면에 갈색이 예쁘게 나기 시작하면 160℃로 낮춰서 25~30분 정도 구워준다. 꼬치로 찔러서 아무것도 묻어나지 않으면 다 익은 것이다. 꺼내서 한 번 내리고 한김 식힌다. 따뜻할 때 윗면에 버터나 시럽을 얇게 발라주고 팬에서 꺼내 랩을 씌운 후 냉장고에 넣어서 촉촉하게 보관한다. 2~3일이 지나면 더 맛있어진다.

플레인 스콘 (8개)

스콘은 영국의 티타임에 빠지지 않는 퀵 브레드예요. 바삭하면서도 속은 부드럽고 담백한 맛이 특징이죠. 일반적으로 딸기잼이나 버터를 발라 먹는데 이 스콘은 은은한 단맛과 고소한 맛이 있어서 잼이나 버터 없이도 차 · 우유 · 주스와 함께 간식으로 먹기에 좋아요.

재료	박력분 215g, 탈지분유 35g, 베이킹파우더 5g 설탕 60g, 소금 2.5g, 버터 60g, 우유 100ml 달걀노른자 1개, 바닐라 엑스트랙트 약간
아이싱	슈가 파우더 30g 오렌지즙(또는 레몬즙) 1작은술 달걀흰자 1/2작은술

재료준비

1. 박력분, 탈지분유, 베이킹파우더는 체친다.
2. 버터는 차가운 상태로 준비해서 잘게 깍뚝썰기한다.
3. 우유, 달걀노른자, 바닐라 엑스트랙트는 섞어둔다.
4. 아이싱 재료를 잘 섞는다.
5. 오븐은 180℃로 예열한다.

만들기

1. 체에 친 가루(박력분, 탈지분유, 베이킹파우더), 설탕, 소금을 잘 섞은 후 버터를 넣어 보슬보슬한 가루가 되게 손가락으로 비벼가며 고루 섞는다.
2. 우유, 달걀 섞은 것을 넣어 마른 가루가 안 보일 정도로만 섞는다.
3. 평평한 작업대에 덧가루를 약간 뿌리고 반죽을 올린다. 스크레이퍼로 반죽을 반으로 잘라 포갠 후 손으로 눌러주는 동작을 5~6회 정도 반복한다. 반죽을 2.5~3cm 두께로 밀고 랩을 씌워 냉장고에서 1시간 정도 휴지시킨다.
4. 반죽을 꺼내서 삼각형 모양으로 자른 후 오븐팬에 담는다. 180℃ 오븐에서 15~20분간 굽는다.
5. 시간이 5분 정도 남았을 때 스콘 윗면에 붓으로 아이싱을 발라준 후 마저 굽는다.

재료 | 박력분 100g, 아몬드파우더 75g, 베이킹파우더 1/2작은술, 버터 50g, 갈색설탕 75g
달걀 1개, 오렌지 제스트 1개 분량, 레몬 제스트 1개 분량, 그랑마니에(오렌지향 술) 1큰술
소금 1.25g, 아몬드 100g, 건블루베리 30g, 달걀노른자, 갈색설탕 약간씩

280

오렌지 아몬드 비스코티 (20개)

《비스코티》는 《두 번 굽는다》는 뜻을 가진 이탈리아 쿠키예요.
아몬드와 오렌지를 넣어서 고소하고 담백하면서도
달콤한 오렌지 향이 솔솔 풍기는 기분 좋은 쿠키랍니다.

재료준비

1. 아몬드 파우더는 약불로 달군 팬이나 170~180℃로 예열한 오븐에서 연한 갈색이 되게 5~6분 정도 구워준 후 사용하면 더 고소한 맛을 낼 수 있다. 식힌 후 박력분, 베이킹파우더와 함께 체친다.
2. 버터는 잘게 잘라서 실온에 두어 부드러워지게 한다. 달걀도 차갑지 않게 실온에 꺼내 놓는다.
3. 오렌지, 레몬은 껍질을 사용하므로 깨끗하게 씻는다. 제스터(강판)로 껍질 부분만 얇게 간다. '오렌지 제스트'는 오렌지 껍질을 얇게 깎아 채썰거나 얇게 간 것을 말한다.
4. 아몬드는 약불로 달군 팬이나 170~180℃로 예열한 오븐에서 5~6분 정도 고소하게 굽는다.
5. 오븐은 160~170℃로 예열한다.

만들기

1. 버터를 잘 풀어준 후 설탕을 넣어 설탕이 녹을 때까지 휘핑한다.
2. 달걀을 조금씩 3번으로 나눠 넣어가며 휘핑하고, 오렌지 제스트, 레몬 제스트, 그랑마니에, 소금을 넣어 섞는다.
3. 체에 친 박력분, 아몬드파우더, 베이킹파우더를 넣어 가루가 안 보이게 섞고, 아몬드, 블루베리를 넣어 섞는다.
4. 반죽을 길이 5~8cm, 두께 2cm 정도의 크기로 네모나게 모양을 잡아 유산지를 깐 오븐팬에 담는다. 겉면에 달걀노른자를 바르고 갈색설탕을 뿌린 후 160~170℃로 예열한 오븐에서 20분 정도 굽는다.
5. 꺼내서 식힌 후 빵칼로 1cm 두께로 썬다.
6. 잘린 단면이 보이게 오븐팬에 담고 다시 오븐에 넣어 10~15분 정도 색이 나게 굽는다. 중간에 한 번 뒤집어준다.

퐁당 쇼콜라

(7cm 래미킨/5~6개)

다크 초콜릿으로 만들어 따뜻하게 먹는 초콜릿 케이크예요. 가운데를 반으로 가르면 초콜릿이 소스처럼 흘러내려서 탄성이 절로 나와요. 밸런타인데이나 크리스마스처럼 특별한 날에 잘 어울리는 근사한 디저트예요.

재료 | 다크 초콜릿 120g, 버터 60g
꿀(또는 메이플 시럽) 1큰술, 달걀 2개
설탕 40g, 박력분 20g
코코아 파우더 10g

재료준비
1. 박력분과 코코아 파우더는 체에 친다.
2. 래미킨 틀에 버터를 얇게 바른다.
3. 오븐은 170~180℃로 예열한다.

만들기
1. 다크 초콜릿, 버터, 꿀을 그릇에 담아 중탕으로 녹이거나, 또는 전자레인지에 돌려 녹인다. 전자레인지에 녹일 때는 1분 가열한 후 꺼내 거품기로 저어주고, 다시 30초 정도 더 돌려 거품기로 저어준다. 한김 식힌다.
2. 달걀을 그릇에 담고 설탕을 넣어 크림색이 되게 휘핑한다.
3. 2에 1을 넣어 섞는다.
4. 체에 친 박력분과 코코아 파우더를 넣어 섞는다.
5. 버터 칠을 한 틀에 반죽을 80% 정도 채워 담는다.
6. 170~180℃로 예열한 오븐에서 7~8분 정도 굽는다.
7. 뜨거울 때 틀에서 꺼내 그릇에 담고 슈가 파우더를 뿌린다. 바닐라 아이스크림과 과일을 곁들이면 잘 어울린다.

<table>
<tr><td>재료</td><td>

파이

박력분 100g, 버터 75g, 설탕 10g

우유 1큰술, 물 1큰술, 소금 약간

커스터드 필링

우유 250g, 달걀노른자 3개, 설탕 60g

박력분 15g, 전분 10g

바닐라빈 1/3개(또는 바닐라 엑스트랙트 약간)

</td><td>재료준비</td><td>

1. 박력분, 전분은 체에 친다.

2. 버터는 차가운 상태로 깍뚝썰기한다.

3. 타르트 틀에 얇게 버터를 바른다.

4. 오븐은 180~200℃로 예열한다.

</td></tr>
</table>

달걀 노른자로 만든 커스터드 크림을 채워 구운 타르트예요. 홍콩이나 마카오 여행에서도 만날 수 있고, 드라마 〈궁〉에 나와서 많이 알려진 타르트죠. 겹겹이 층을 이룬 바삭한 파이와 달콤하게 녹는 커스터드 크림이 환상적이에요.

만들기

1. 파이 재료를 푸드 프로세서에 넣고 한 덩어리가 될 때까지 돌려준다. 또는 재료를 볼에 담아 차가운 버터를 으깨가며 재료와 한 덩어리가 되도록 섞은 후 비닐에 담는다. 비닐이나 랩에 싸서 냉장실에 1시간 이상, 또는 냉동실에 10분 정도 두어 단단하게 만든다.

2. 달걀노른자에 설탕 10g을 넣어 연한 크림색이 되도록 휘핑한다. 박력분과 전분을 넣어 잘 섞는다.

3. 냄비에 우유, 반으로 가른 바닐라빈, 설탕 50g을 넣어 끓기 직전까지 데운다. 바닐라 껍질은 건져낸다.

4. 데운 우유를 2의 달걀 반죽에 조금씩 부어주면서 거품기로 섞는다. 뜨거운 우유를 한꺼번에 부으면 달걀이 익어서 덩어리가 생기므로 주의한다.

5. 4의 혼합물을 다시 냄비에 담아 약불에서 거품기로 저어기며 걸쭉해질 때까지 익혀 커스터드 필링을 완성한 후 바로 식힌다.

6. 냉장고에 두었던 파이 반죽을 꺼내 1~2mm 정도로 얇게 밀어 타르트 틀 안에 깔고, 5의 커스터드 필링으로 타르트 속을 채운다.

7. 180~200℃로 예열한 오븐에 넣어 15분 정도 굽는다. 꺼내서 식힌 후 위에 시럽을 얇게 바른다.

● 커스터드 크림을 만들 때 우유 대신 우유와 생크림을 반반씩 넣어주면 더 고소하고 진한 맛의 에그타르트를 만들 수 있다.

단호박 호두 파이

（18cm 원형 타르트 틀 1개）

설탕이나 시럽을 줄이는 대신 단호박을 넣어서 은은한 단맛을 느낄 수 있는 호두파이예요. 건강을 배려한 마음을 전할 수 있어 선물하기에도 좋고, 아이들이 단호박이나 고구마 등의 토속적인 간식을 좋아하게 만들 수 있는 메뉴랍니다.

재료	호두 120g, 설탕 60g,

파이지 버터 80g, 설탕 40g, 달걀노른자 1개, 박력분 150g, 바닐라 엑스트랙트 약간

필링 버터 35g, 설탕 35g, 조청 35g, 달걀 1개, 단호박 퓨레 150g, 아몬드 파우더 35g

박력분 15g, 우유 60ml, 바닐라 엑스트랙트, 시나몬 파우더 약간씩

재료준비

1. 호두는 체에 밭쳐 흐르는 물에 씻은 후 마른 팬에서 물기 없이 바삭하게 볶는다.

2. 버터는 작은 크기의 주사위 모양으로 자른다.

3. 박력분, 아몬드 파우더는 각각 체에 내린다.

4. 단호박 퓨레는 단호박을 익혀서 살만 발라내고 곱게 갈아 준비한다.

5. 타르트 틀에 버터를 얇게 바른다. 오븐은 180℃로 예열한다.

만들기

1. 냄비에 설탕 60g을 담고 설탕을 천천히 녹여 캐러멜 색이 되면 호두를 넣어 섞는다. 그대로 유산지에 펼쳐서 식힌다.

2. 파이지 재료를 푸드 프로세서에 담아 한 덩어리가 될 때까지 섞는다.

3. 파이 반죽을 0.3cm 정도의 두께로 납작하게 밀어서 타르트 틀에 맞춰 깔고 여분은 제거한다. 바닥을 포크로 듬성듬성 찔러주고 필링을 만드는 동안 냉장고에 넣어둔다.

4. 필링 재료를 푸드 프로세서에 넣어 혼합한다(달걀흰자와 설탕 15g만 따로 볼에 담아 휘핑한 후 나머지 재료와 섞으면 좀 더 부드러운 질감의 파이를 만들 수 있다).

5. 1에서 만든 호두를 듬성듬성 잘라서 필링 재료와 섞는다.

6. 파이지 안에 필링 재료를 붓고 180℃로 예열한 오븐에서 20~25분간 굽는다.

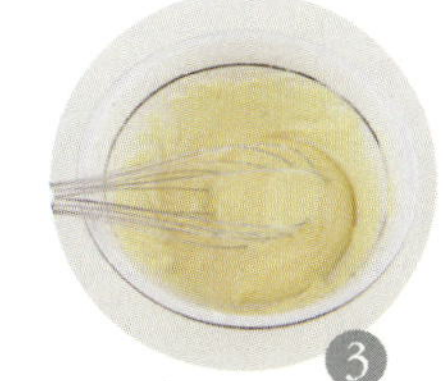

과일 타르트

(6cm 원형 타르트 틀 / 8개)

식빵으로 만든 파이 안에 커스터드 크림을 채우고 과일을 올려 담은 간단한 타르트예요. 만들기도 쉽고 시원하고 달콤하게 즐길 수 있어서 여름철 간식이나 디저트로 좋아요.

재료

파이지 식빵 8장, 버터 1½큰술, 설탕 1½큰술

커스터드 크림 달걀노른자 2개, 설탕 40g, 박력분 10g

전분 6g, 우유 170ml, 바닐라 엑스트랙트 약간, 버터 5g

샹티 크림 생크림 70g, 설탕 7g

과일 토핑 딸기, 바나나, 키위 등 좋아하는 과일

재료준비

1. 미니 타르트 틀(지름 6cm)에 버터를 얇게 칠한다.
2. 오븐을 180℃로 예열한다.

만들기

1. 식빵을 10cm 정도의 원형 틀로 찍어서 자른다. 손가락으로 살살 눌러가면서 미니 타르트 틀에 깐다.

2. 빵 위에 솔로 버터를 바르고 설탕을 솔솔 뿌린다. 180℃로 예열한 오븐에서 5~8분 정도 굽는다. 틀에서 분리하고 식힘망 위에 올려 식힌다.

3. 커스터드 크림 재료 중 버터를 제외한 재료를 그릇에 담고 잘 섞어준다. 전자레인지에 넣어 30초간 데웠다가 꺼내 거품기로 고루 저어주고 다시 30초간 데웠다가 꺼내서 젓기를 반복하며(3~5회 정도) 걸쭉해지게 익힌다.

4. 버터를 넣어 섞어준 후 랩으로 밀착되게 덮어서 냉장고에 넣어 차게 식힌다. 생크림에 설탕을 넣어 80~90% 정도로 휘핑한 후 식은 커스터드 크림과 섞어서 필링 크림을 완성한다.

5. 구운 식빵 파이 안에 4의 크림을 담고 딸기, 바나나 등을 썰어서 올린다.

홈메이드 누텔라

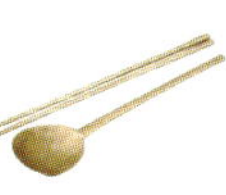

구운 헤이즐넛과 코코아를 갈아 만든 고소하고 달콤한 초콜릿 맛 스프레드예요. 따뜻하고 바삭하게 구운 빵에 발라 먹으면 정말 맛있어요. 〈누텔라〉를 닮은 맛이지만 좀 덜 달고 무겁지 않은 스타일로 만들어 봤어요.

재료	
	헤이즐넛 1컵(150g)
	오일 4큰술, 꿀 12큰술
	코코아가루 6큰술
	탈지분유 2큰술
	소금 1/8작은술

만들기

1. 헤이즐넛을 180℃로 예열한 오븐에서 8~10분 정도 고소한 향이 나게 굽거나, 약불로 달군 팬에서 연한 갈색이 되도록 굽는다.

2. 푸드 프로세서나 블렌더에 헤이즐넛을 넣어 곱게 간다. 오일, 꿀을 조금씩 넣어가며 고루 섞일 수 있도록 계속 갈아준다.

3. 코코아가루, 탈지분유, 소금을 넣어 섞는다.

4. 맛을 보고 꿀, 오일의 양을 가감해서 입맛에 맞게 단맛과 되기를 조절한다.

5. 소독한 유리병에 누텔라를 담고 실온에서 보관한다.

수박빙수

수박즙을 얼려서 부드러운 샤벳을 만든 후 단팥과 아이스크림 등을 곁들인 여름철 디저트예요. 달콤하고 시원한 수박빙수 한 그릇이면 무더운 여름을 잠시 잊을 수 있죠. 냉장고에 남은 수박이 있다면 당장 꺼내서 만들어 보세요.

재료	수박 1/6개
	단팥, 땅콩가루
	아이스크림 약간씩

만들기

1. 수박을 과육만 발라서 믹서에 넣어 간다.

2. 체에 내려 수박즙을 받는다. 또는 주서기에 내려 즙을 받는다.

3. 수박즙을 얼음용기에 담아 냉동실에서 얼린다.

4. 빙수기에 넣고 갈아 그릇에 담고 단팥, 땅콩가루, 아이스크림을 토핑으로 올린다.

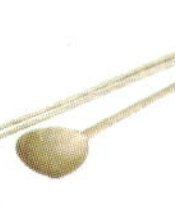

캐러멜 카페

（크기 2.5×1.5cm / 54개）

커피와 초콜릿으로 진한 맛과 향을 살린 캐러멜이에요.

달콤한 커피 맛의 캐러멜로 식사 후에 먹으면 기분이 좋아져요.

하나하나 포장해서 선물하면 인기 만점이랍니다.

재료	생크림 250g, 설탕 130g, 소금 1g
	커피가루 15g, 물엿 70g
	다크 초콜릿 70g, 땅콩(또는 헤이즐넛, 캐슈넛) 45g

재료준비

1. 땅콩(또는 헤이즐넛, 캐슈넛)은 약불로 달군 팬에서 5분 정도 구워준 후 잘게 다진다.
2. 다크 초콜릿도 잘게 썬다.

만들기

1. 냄비에 설탕 50g을 넣고 갈색이 날 때까지 녹인다.
2. 생크림 100ml를 조금씩 넣어가며 거품기로 섞어준 후 소금, 커피가루를 넣어 잘 풀리게 섞는다.
3. 남은 생크림, 설탕을 넣어 섞어주면서 조리다가 물엿을 넣어 조린다. 117℃까지 끓인 후 불을 끈다(거품이 잘게 보글거리며 끓다가 큰 거품으로 잦아든 후 용암처럼 폭폭 터지기 시작하면 불을 끈다. 시간이 20분 정도 걸린다).
4. 초콜릿을 넣어 녹인 후, 땅콩을 넣어 섞는다.
5. 바닥에 유산지를 깔고 사각 무스 틀(15×15cm)을 올린 후 그 안에 부어 굳힌다.
6. 단단하게 굳으면 무스 틀을 걷어내고, 캐러멜 크기(2.5×1.5cm)로 자른다. 유산지 또는 캐러멜 종이로 감싼다.

① ② ③

블루베리잼

블루베리가 제철일 때 잼을 만들어 놓으면 1년 내내 먹을 수 있어요. 바닐라빈을 넣어 조리면 달콤한 향이 더 잘 살지요. 블루베리의 양을 10% 정도 줄이고 복분자 퓨레를 대신 넣어 잼을 만들어도 맛있어요.

재료	블루베리 500g 설탕 175~200g 럼주 1큰술 바닐라빈 1/2개 사과(홍옥) 1/2개(또는 레몬즙 1큰술)

만들기

1. 바닐라빈은 길이로 칼집을 넣은 후 가운데 씨를 긁어낸다.

2. 블루베리를 냄비에 담고 설탕을 뿌려 물기가 생기게 잠시 뒀다가 럼주, 바닐라빈 껍질과 긁어낸 씨, 사과 간 것(또는 레몬즙)을 담고 한소끔 끓으면 약불로 줄여 잼 상태가 될 때까지 조린다. 많은 양을 만들 때는 슬로우 쿠커에 담아 조리면 만들기 편하다. 설탕의 양은 블루베리의 당도에 따라 약간씩 조절한다.

3. 다 조려지면 소독한 유리병에 바로 담아 뚜껑을 닫고 잠시 뒤집어 놓아 진공상태로 만든 후 냉장보관한다.

바닐라빈
바닐라 열매를 발효시킨 것으로 향긋하고 달콤한 향이 난다. 쿠키, 아이스크림, 각종 디저트에 널리 사용된다.

과일 예쁘게 담기

과일은 손을 많이 대지 말고

있는 모양 그대로를 살려 깔끔하게 썰어내는 것이 위생적이고 보기도 좋아요.

먹는 사람이 편하게 먹을 수 있도록 배려하면서 모양도 예쁘게 담는 몇 가지 방법을 소개할게요.

사과

사과는 껍질을 벗긴 후 한입 크기로 자르는 게 가장 일반적이고 먹기에도 편하다. 약간의 모양을 낼 때는 사과를 6등분 또는 8등분하고, 씨 부분을 일자로 자른 후 껍질을 토끼귀 모양, 리본 모양 등으로 잘라 포인트를 준다.

오렌지

오렌지는 과육이 보이도록 속껍질까지 두껍게 깎고 속껍질 사이사이에 칼집을 넣어 과육만 한쪽씩 잘라 담으면 먹기 편하다. 또는 길이로 6~8등분한 후 껍질과 과육 사이에 칼집을 넣어 자르고 살짝 비틀어 담는다. 오렌지 껍질로 장식하면 예쁘다.

딸기

한입 크기의 딸기는 꼭지만 잘라 그대로 담으면 먹기도
편하고 보기도 좋다. 약간 큰 딸기는 꼭지를 V자 모양
으로 자른 후 반으로 잘라 하트 딸기를 만들어 담는다.
한쪽에 슈가 파우더를 살짝 뿌려 주면 달콤한 느낌을
살릴 수 있다.

멜론

멜론은 반으로 잘라 가운데 씨를 제거하고 조각배 모양
으로 자른 후 과육과 껍질 사이에 칼집을 넣어 분리한
다. 그리고 과육을 먹기 좋은 크기로 잘라 다시 껍질 위
에 담는다. 또는 멜론볼러로 동그랗게 떠서 화채 그릇
에 담거나 꼬치에 끼운다. 멜론에 지그재그로 칼집을
넣어 바구니 모양으로 자르고, 여러 종류의 과일을 담
아 과일 바구니를 만들면 예쁘다.

키위

잘 익은 키위는 반으로 잘라 스푼으로 떠먹을 수 있도
록 담거나, 과육을 껍질과 분리한 후 먹기 좋게 잘라 다
시 껍질 안에 채워 담는다. 반달 모양으로 썰거나 비스
듬히 썰어서 입체감을 줘도 좋다. 또는 쿠키 커터로 찍
어 꽃 모양을 내거나 길이로 6등분해서 꼬치에 끼워 담
는다.

수박

수박은 들고 먹기 편하게 피라미드 모양으로 자르거나
손잡이가 달린 삼각형 모양으로 자른다. 또는 보트 모
양으로 자른 후 껍질과 과육 사이에 칼집을 넣어 분리
하고, 먹기 편한 크기로 잘라 다시 껍질 위에 엇갈리게
담는다. 네모나게 썰거나 멜론볼러로 동그랗게 떠서
그릇에 담고 꼬치로 끼워 모양을 내도 예쁘다.